自由企业家培训指南

成功八步

财务自由必须经历的八个步骤

朱鹰◎编著

九州出版社
JIUZHOUPRESS

图书在版编目（CIP）数据

成功八步 /朱鹰编著 .—北京：九州出版社，
（2022.10 重印）

ISBN 978－7－5108－0548－6

Ⅰ.①成… Ⅱ.①朱… Ⅲ.①成功心理学—通俗读物
Ⅳ.①B848.4－49

中国版本图书馆 CIP 数据核字（2010）第 108406 号

成功八步

作　　者：朱鹰　编著
出版发行：九州出版社
出 版 人：徐尚定
地　　址：北京市西城区阜外大街甲 35 号（100037）
发行电话：（010）68992190/3/5/6
网　　址：www.jiuzhoupress.com
电子信箱：jiuzhou@jiuzhoupress.com
印　　刷：三河市腾飞印务有限公司
开　　本：880 毫米×1230 毫米　32 开
印　　张：7.5
字　　数：100 千字
版　　次：2010 年 7 月第 1 版
印　　次：2022 年 10 月第 2 次印刷
书　　号：ISBN 978－7－5108－0548－6
定　　价：35.00 元

CONTENTS

目录

第一步：梦想 /1

没有梦想，人生就没有意义。没有梦想，就没有一切！

第二步：承诺 /31

承诺就是下决心、相信自己，承诺就是必须把事情干下去直到成功。如果你的心里还没有决定要做成什么事，你就做不成任何事。

第三步：列名单 /43

每个人都在建立一个蛛网一样的世界，你认识的人越多，质量越高，你的世界将越美妙。

中国人的人际关系像一个网，这点你尤其要知道。

只有向人们提出要求，你才有可能得到人们的回应：只有你要求得到财富，上帝才会给你财富。学会邀约是你迈向成功的第一步。

第五步：讲计划 /81

致富的第一步必须是有一个致富的计划，并将这个计划与更多的人分享，团结更多的人来实现这个计划。讲计划就是把你的产品和商机介绍给你的合作伙伴。

第六步：跟进以及教育培训 /107

跟进是一种观念的追击，让人们转变固有的、落后的财富观念，把贫穷的观念转变为富有的观念是跟进的意义所在。具体来讲，要把事情做成，就必须天天跟进，直到做成为止。

在创造财富的系统里，你必须学会两个制胜的秘密：一是向已经成功的人学习，二是教育那些向你学习的人。

序言1:

“健康消费商” 创造未来财富

财富第五波

在今天这个时代，你要问自己，如果你知道未来是什么样子的，你愿意付出什么代价去获得你可以得到的东西？你能不能把握这样的机会？

回顾过去，是否有什么股票你应该卖掉但没有卖？有的物业你应该买但没有买？有什么机会你应该把握却又错失了呢？你一生中又能遇到多少机会呢？如果有一次机会是你最后的机会，你一定要留神。

每10年就会有一些伟大的产品出现。上世纪70年代是微波炉，80年代是录像机，90 年代是电脑和互联网。在 80 年代把握机会的，现在都已经成为百万富翁；在 90 年代把握机会的，则已成为亿万富翁。你认为未来几年的趋势又是什么呢？世界顶尖经济学家保罗·皮尔泽（Paul Pilzer，《上帝要你富有》、《财富第五波》、《无限财富》的作者）预计，未来与健康相关的产业每年将带来大量的GDP增长，包括为大众提供使人更健康、更美丽、延缓衰老、预防疾病的产品和服务等等，也就是我们所说的健康保健产业。

健康保健产业在 20 年前并不存在。但今天健康保健产业收益超过了 5000 亿美元，相当于或者有可能超过了美国整个汽车业。保罗·皮尔泽预计健康保健产业将会持续疯长。为何升幅这么大呢？这个升幅是可以预计的，原因在于二次大战后出现新生族。他们在过去 20 年里，主宰了世界和美国经济的发展。因为温饱和小康都不是问题了，所以他们需要的是健康。

这群新生族正是今天35至55岁的人，他们正值事业高峰，收入非常可观，消费力庞大。就是他们促使房地产的增长，他们也是运动用品、汽车、个人电脑及互联网的主力消费群。目前美国经济总值的 70%是由他们创造的。中国的情况同样如此，这个群体也是消费的主力军，而且对健康产品的旺盛需求也是这个群体的特点。

虽然战后新生族只占美国人口的 30%，但他们的消费额却占整体经济的 50%以上。更重要的是，他们未来新增的额外消费就会用在保持青春、延缓衰老及维持健康等方面。

在未来 10 年，美国新生族在保持健康的消费方面将会由每年 2000 亿美元，增长至 10000 亿美元。相当于一天消费 27 亿美元，一小时消费 1 亿 4 千万美元，一分钟消费 1900 万美元。如果你愿意把握，这个就是你前所未有的机会。但你又该如何把握这个机会呢？你可以成为医护从业人员、生产商、零售商，甚至是分销商。医护人员，包括医生、按摩师、治疗师等，需要付出高昂的学费、保险费，以及长时间不停地学习和工作。生产商，需要大笔资金设计厂房、进行研究和生产。零售商，需要支付庞大的经营费、员工薪金、存货费以及一星期7天的工作时间。而今天最有利的就是直销商，通过直接销售产品与生产商分享利润，同时通过网络建立属于自己的系统，得到系统带来的现金流，甚至是非工资的现金流，直销商同时拥有利润和系统（真正的资产是一个系统）。

系统、利润以及财商

从财商理论来理解，同时拥有利润和系统的人就是真正富有的人，如果这样的人财商也比较高，可以有效地管理好自己的系统，掌控好自己的利润或现金流，他们就能真正实现财务自由。所以，我倡导大家追求利润、系统和财商三位一体的统一！

未来30年最大财富并不在于生产和销售环节，而在于“分销环节”。“分销环节”说白了就是“销售加消费”形成的一个新型的环节，这个环节的企业家，我称为“消费商”。

美国最大的百货连锁店沃尔玛、联邦快递以及在互联网上卖书的卓越亚马逊网站，都带有浓烈的分销意味。他们均从事分销业务。他们都有一个相同的名称，就是分销商。这些公司减少了商业的中间环节，把顾客认可的、必需的产品或服务进行有效地分销，创造了巨额的财富。分销已经成为新世纪财富价值创造的主导力量。

另一个重要的话题是，21世纪最大的财富，首先将会来自教育消费者新的财富观念以及怎样创造财富、实现财富、实践财富创造的过程。在实现财富的过程中，分销渠道成为最重要的创造财富的源泉。我们必须进入分销的渠道，从而参加世界财富的分配。所以，分销——这是一项思想敏锐的生意，正在给每个人带来机会。

仅仅因为5000万的美国新生族，就会产生10000亿美元的健康消费，从而带动远远超过这个数目的社会经济发展。我们再想一下欧洲、亚洲和美洲的新生代们，他们同样会加入这股寻找财富、健康和保持青春美丽的洪流。他们是不会停止追求的。他们想继续溜冰，他们想驾驶跑车，他们不想衰老。他们愿意付出任何代价令自己健康并充满活力。

未来的10年，世界各地的新生族在追求健康的消费上，将由2000亿美元增长到15000亿美元，这个数据几乎算得上是天文数字。你准备好了没有？与你分享这个信息的朋友，是你真正的好朋友，也许他们还可以给你更多的建议。

分销为王

商业成功首先需要好的产品、服务和体验，然后有好的商业模式，分享那些已经被证实的成功模式是最快的方法。谈到分销模式我不能不提到两个人，一个是比尔·奎恩博士（Bill Quain，PH. D），另一个是贝克·哈吉斯。

比尔·奎恩博士虽是一个盲人，但他是一个智者。他洞察到人类的三种消费类型：一是生产者，二是消费者，三是生产消费商。通常生产者生产、销售产品或服务，他们是人类需求的提供者，他们是赚钱的人；消费者是花钱的；而消费商（又称为生产消费者）因为他们参加了实现财富的商业模式，所以他们在聪明地花钱的同时赚钱。这个就是比尔·奎恩博士的消费商分销模式。

贝克·哈吉斯的《管道的故事》同样是一个引人入胜的分销模式说明，面对新世纪新的商机，你是想给自己修个财富自由的管道，还是自己挑水自己喝呢？你是想建立自己的分销有限公司，自己做自己的CEO，还是给别人的管道当工作人员呢？贝克·哈吉斯的名言是："一条管道胜过了一千张工资单。"

这个模式你可以从家庭中开始，而不需要很多资金，也不用支付员工薪金。这个生意可以从空余时间开始，但可以赚到数千数万美元的月收入。因为这个消费商的分销机制是在家创业的机会，在税务上还可以享受优惠。这个以分销理论为基础的生意模式已经在这个世界上流行了将近70年的时间了，许多的成功人士已经验证了这个模式的正确性。

试想一下，假如现在是1982年，有个叫盖茨的人，邀请你投资在他的个人电脑及互联网生意上，有谁会相信他呢？美国最大的百货连锁店创办人山姆·沃尔顿在44岁那年创办了沃尔玛。61岁的时候成为世界首富。今天你的借口又是什么呢？这次你又会怎样做呢？

有一件事是可以肯定的，今天你看了这段文字、这本书，你再不能说："我当时不知道……"问问自己，这次你又会怎样做呢？

将来，当你的子孙问起你 21 世纪初的情况时，你会怎么回答？你会跟他说你怎么样去把握机会，还是找个借口去解释为何你又错过了机会。分销创造财富，"销售加消费"的环节蕴藏着最多的财富，健康保健业的快速发展、规模巨大，到今天都已经成为事实。

毫不夸张地说，二次大战后出生的新生族已经在彻底改变整个世界和经济趋势。你一生中还有多少次这样的机会呢？无论如何也不要再错过这次机会！

摘自《自由企业家培训丛书》

序言 2:

网络营销创造自由企业家

每个人都应学习成功八步

本书介绍的“成功八步”是一个非常有用的概念，其实，这个概念不是谁的发明，而是著名的网络建造者、亿万富翁耶格根据自己的亲身实践以及众多成功商业人士的实践经验，总结出来的八个“商业成功必须具备的技术或能力”。后来，经过了网络 21、贝瑞德系统等财富教育系统的补充和实践证明，日渐成熟，被网络营销和财商教育领域广泛推荐和应用，形成了完善的财商教育模式。

这八步，也包含了耶格系统、网络 21 系统、贝瑞德系统等著名的网络营销系统建造专家对经济成功必由之路的真知灼见。另外，一些知名的国内外网络营销研究者、学者、财商教育家等也为“成功八步”的发展和普及作出了贡献，比如布兰克博士、朱迪·科莱、大卫·舒瓦茨等大师及其思想也对本书的编著贡献甚大。

我们要强调的是，虽然本书大量从网络营销的角度论述了成功八步的具体技巧和理论，但成功八步并非只能在网络营销中应用。事实上，这八个技巧和能力是所有追求财务自由的人必须具备的。不具备这些能力，任何人要追求财务自由都是不现实的。

让我们来看看这些能力的本质吧。

梦想：梦想是一个人的内驱力，没有梦想的人生是没有意义的，更不用奢谈成功了。要成功必须有野心，问问自己。你真正想要的是什么！

承诺：就是下决心，我不仅要，而且我相信，我一定能够得到。我要设定目标、制定计划、排出时间表，然后，一步一步去实现梦想。

列名单：要做事，首先要从与人合作上开始，找到与你合作者的名单，找到客户的名单是任何事业开始的关键。

邀约：有了名单，你必须要与相关的人邀约见面，否则什么事情也不会发生。

讲计划：与合作者见面后，当然要相互交流，你需要把你做事的计划告诉对方，这是双方开始合作的第一步。你的商业计划是否能够被对方接受和认同，相当关键。

跟进：你要继续与合作者有深度的沟通和交流，加强联系和加深感情，加深认识。有了深度的了解，你们合作的事情才能真正启动和发展。

咨询与检查：这是说当事情已经进行以后你要做什么，你显然要对你做的事情负责任，你就必须向更高水平的人请教、咨询，对于具体做事的人或者你的部下，你也要督促和检查。这个阶段的目的是让事情真正做成。

复制：是对以上模式的反复模仿和创新，是将已经被证明的成功模型的规模化。这个阶段你的事业就起飞了。

所以任何一个想做事情的人，就算你不知道财务自由，也不追求经济利益的最大化，作为一个社会人，都应该学习《成功八步》。

“管道的故事”的启发

《富爸爸》的作者罗伯特·清崎先生在《神奇的现金流象限》一书中讲了一个故事，说的是在一个遥远的乡村，非常缺水，于是村里的长老对外招标给村庄供水。两个人得到了给村中供水的合同，其中一个人采用人工的方法，马上开始了供水的行动。另一个人，则采用商业计划书，成立了一家供水公司，经过周密的计划后开始了修管道工程。最后，虽然修管道的人供水的时间比较晚，但管道中源源不断的水成了他的现金流来源。而另一个靠自己挑水的人仍然摆脱不了财富危机的命运。

你知道吗？网络营销的实质就是修管道和建立系统！

在生活中，我们见到了太多的事情，都是宁愿挑水而不愿意修管道。财商理论告诉我们“金钱不能使你富有”，只有产生金钱的资产能使你富有，只有创造资产的财商能够让你富有。修管道正是这种创造资产的事业，而挑水则是用精力和时间甚至用生命去换钱的事业。

你准备选择哪种事业呢？

建立"消费商资产"

《富爸爸》系列丛书的作者罗伯特·清崎将人性的资产和负债做了一个非常明确的解析，通过对这两个概念的分析，一下子让人们看清了为什么有人成为富人而有人成为穷人的道理。他指出：

资产就是将钱不断地装进你口袋的东西
负债则是将钱从你口袋里拿走的东西

富人之所以富有是因为他们不断地创造和拥有资产，而中产阶级总是购买了他们以为是资产的负债，穷人呢？他们既没有资产也没有负债。

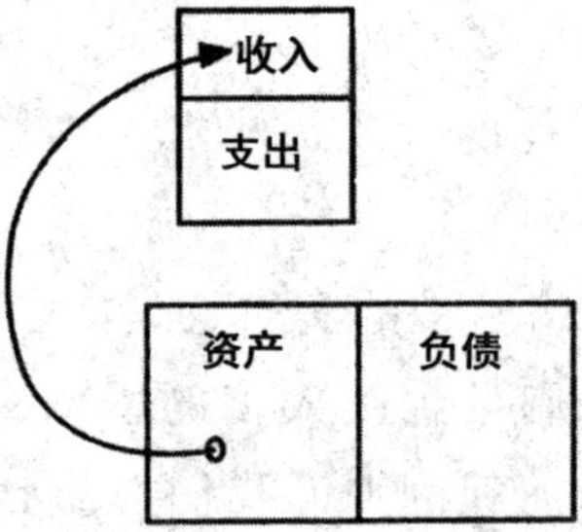

（富人的现金流线图）

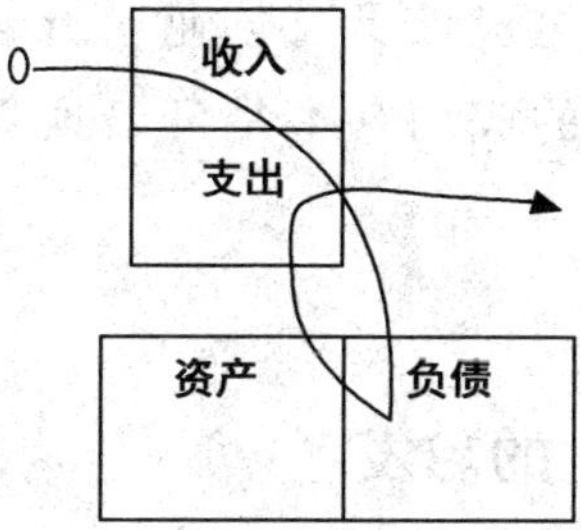

（中产阶级的现金流线图）

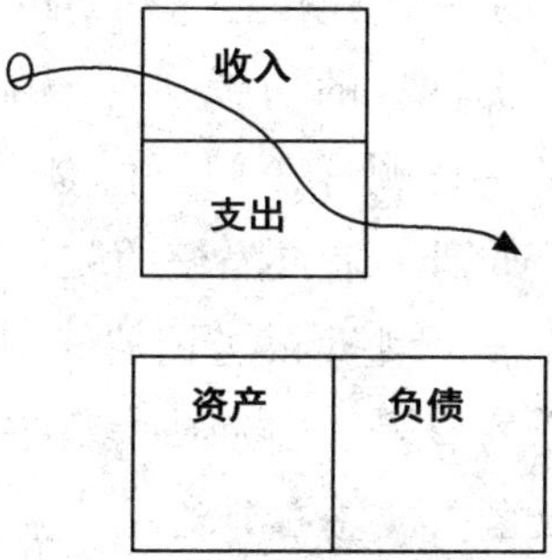

（穷人的现金流线图）

网络营销在做什么呢？在创造你的资产！当你正在建立一个消费网络的时候，其实你是正在建立一个“消费商的资产”。你的工作是在为自己的生产消费者的事业添砖加瓦。这个是很多人没有明白的。我们在这里提醒这点，是想让你看到财富的大趋势——一个由消费者说了算的时代正在到来，一个通过消费和通过组织消费来赚钱的时代正在到来。

在这个生意中你是自己做自己的老板，你与供货商是一种合作关系，与你的“上下级”营销代表也是一种平等合作的关系。你完全应该具有创业、当老板的心态，而不是打工的心态。你的成功基本是可以预测的。请把握创造财富的机会！

“店铺故事”的启发

还有一个店铺的故事也是你不能不知道的。

从前，在美国的一个小镇上，有一位勤劳的汤姆先生。他在镇上开了一个卖百货的店铺，由于他十分努力，对顾客殷勤周到，所以一直顾客盈门。但是，好景不常在，没过多久，汤姆先生听到了来自隔壁的装修声。

后来，左右两家大型折扣店铺终于开张了。左面一家打出了全市最低价的口号。右面一家则说自己是跳楼清仓价。汤姆先生的顾客便被左右分流了。

面对这种新的形式，汤姆冥思苦想，但仍然没有找到对策。有一天，汤姆的店铺里进来了一位过去的老顾客，他显然是走错了地方，在尴尬转身离去的时候，他自言自语地说：“喔，错了。这里是汤姆的店铺。”说着就离开了店铺。

在一旁的汤姆听到他的话后，突然有一种恍然大悟的感觉。汤姆也自言自语道：“对了，问题就在这里。他们不来我这里，是因为这是我的店铺。”

汤姆分析：如果消费者花钱，店铺赚钱，那么消费者必然寻找最便宜和实惠的地方购买商品。但如果转换一下思维模式，将店铺变成我们的店铺，让消费者“在花钱的时候赚钱”，让他们在自己的店铺里买东西，又会怎样呢？于是汤姆重新制定了营销制度，顾客在店铺里买任何东西都计算积分，如果顾客介绍别人来购物也能按相应的比例得到积分，最后都能得到奖金。

这样一来，虽然汤姆的价格比左右两个店铺都高，但顾客们都蜂拥而至。有些顾客还成功地积累了一个巨大的顾客群——成了他们的资产。顾客们在购买自己的东西的时候也为自己创造资产，正是这个店铺故事带给我们的启发。

网络营销正是把这种店铺的理论加以应用，是“我的店铺”，变成了“我们的店铺”，让你在购买产品的时候创造自己的资产。

你的工作是做三件事

1. 使用公司的产品并成为爱用者。这是没有捷径的，一般来讲，网络营销能提供世界上最独特的产品与服务，这些产品和服务常常具有改变你的生活的效果。如果产品很普通，很难在这个行业中立足。这个行业充满了原创、优质、具有特色的产品，使用这些产品的人既是消费者，又是消费商。这些产品常常能帮助人们恢复青春、减轻体重、远离肥胖。

这个生意的关键，首先你必须成为一个好的用户，你此时不仅仅在花钱，而是在花钱的同时赚钱，在建立你的生意。

2. 将产品分享和推荐给他人。你有没有过推荐朋友去看某部电影，你有没有过向你的家人推荐某种美味必须吃一吃。我们都在做这样的事，我们不可能不做这样的事情。当我们看了一部很棒的电影或去了一家很不错的餐厅，便会很自然地推荐给他人。想一想你是如何购买电视、汽车和房子的？你会与他人讨论——更常见的情况是朋友将他们的信息和经验告诉你。他们会告诉你他们最喜欢的品牌等等。你接受了这些建议，然后购买。

可见，我们无论在不在网络营销中，我们都要与人分享产品和服务，不同的是在网络营销中的分享与网络营销外的分享。根据你所处的商业模式不同，在前者中你是一个消费商，因为你的消费行为和你组织别人来进行消费的行为，你会得到利润的回报；而在后者中你什么也得不到，因为在网络营销之外，你只是一个消费者，最多是商家为你提供一些销售的折扣。更为不合理的是，生产和销售一方在大量的消费者购买后不仅变富，而且他们的销售企业和生产企业日益壮大，但这些企业或系统与你没有关系。

3. 推荐他人加入你的行列。在你自己使用产品和与你的亲朋好友分享产品的前提下，如果有朋友希望加入你的行列，你就理所当然地推荐他们。当人们看到你开创自己的事业并且对网络营销有所了解后，是你推荐他们的机会。当你的事业发展到一定的阶段，你赚钱了，这对他们的触动是关键的。这个生意与其他生意不同的是，所有的团队成员都愿意主动教你，帮助你取得成功。特别是在这个生意中成功的百万富翁、亿万富翁是愿意亲自教你如何像他们一样成功的，因为你越成功他们就更加成功。

网络营销的两大信念

我们要做好一件事情，就必须有一套相关的信念。同样，要做好网络，也要建立相关的原则信念，这是什么意思呢？就是说你必须知道做网络营销是光荣的。布莱克博士列出了网络营销的两个基本信念，我认为非常重要，应该与你们分享：

假如你将你的顾客以及下级营业代表视为你的财富来源，那么你可能就做不好。因为他们会认清你是以自我利益为中心而离开你。相反地，假如你将他们视为你为社会提供服务与回报的机会，他们便会欣然接受并接近你。

“为他人提供服务与回报的机会”，我必须在一开始就告诉你这句话有多重要。即使你可能看完本书除了这个重点之外毫无其他的收获，但这个重点就可让你掌握了网绍营销成功的最大关键。这也是网络营销成功的最大秘密！也许是一切富人的最大秘密。布莱克博士所提出的另一个信念是：

我们的内心可能会感到丰富或者贫乏，有时敞开心胸，有时自我防卫，我们的外在生活也就是我们内心感觉的写照。因此，将生命看成是丰富的，并进一步思索如何为自己以及为他人创造丰富的人生。

需要再次强调的是，“为他人创造丰富的人生”，这个又是重点中的重点。这就是网络营销能提供给你的两大信念或法宝。如果你能掌握网络营销的这两个重点，你在网络营销中将成为常胜将军。

对于商业模式来讲，网络营销提供的产品和服务是一种手段；但对于人性来讲，网络营销这种商业模式也是一种手段，目的都是为自己和他人创造机会并丰富人生。

网络营销：因果循环的生活方式

网络营销其实也是一种生活方式。这种生活方式一旦成功就是一种典型的有钱、有时间的结构——即财务自由的结构。你推动自己的生意，形成属于你的系统，同时也是在创造、支持你的生活。

这就是网络营销创业模式如此独特的原因。它的运作方式与你的生活方式一样——它直接反映你的生活。当你的行为是自私的或自以为是，结果也是自私和自以为是的。你对自己与他人的感觉如何，你的生活状况如何，都能在网络营销中自然反映出来。

当你同情或感激他人时又产生什么结果？你会有什么感觉？你的生活状况又会是怎么样？你完全可以推断出来。

在这个生意中，一切都是因果的循环。在网络营销中——好比在生活中——“回馈”的循环系统是直接而无障碍的。

你在网络营销中的成功或失败都是直接由自己所造成的。

你能够看见当某个国家、组织或个人被贪婪、欺骗、不负责任、恐惧……操纵时将会发生什么。诚如布莱克博士所指出的，人们都应远离那些不好的因素，这些因素对网络营销来说是厄运。从这个角度讲，网络营销是平等的。任何人都一样，如果你留不住人，人也留不住你。如果你有足够的魅力，愿意付出，你就能聚集人气，就能成功。

边学，边做，边教别人

你曾经听说过这个说法吗？“精通某一学科的最佳方法就是去教这门课”。

绝对就是这样，百分之百正确！本书不是自学用书，它像是一本培训教材，是让你用来培训你的团队的，特别是培训那些对商业技巧完全不懂的人，对网络营销十分陌生的人。根据这个理论，成为网络营销的讲师以及教练是精通这个行业的最佳方式，也是迈向成功的最快方法。

在本书中，你将学习许多有价值的工具、技术和诀窍，也将学到最基础的商业步骤和思维方式。你可以运用它们立即提升你的社会地位、自我业绩。如果你活学活用，改变表达的方式等，你的自信心会倍增。

本书的真正价值在于你发现诀窍、使用技巧，你会发现每件事情将变得井然有序，而且你能够将学到的东西变得简单、有趣、系统化、可复制，最后变成你的一部分，使你个人深具影响力。

这样的商业培训课程对初学的人非常值得！

接下来你要做的事情就是把这个课程的精髓教给你的伙伴，特别是那些有梦想的新伙伴，让他们成为像你一样了解“成功八步”的人，成为新的“成功八步”的培训师。要在这门生意中成功，就应该学会将你的团队成员培养成为与你一样的讲师和教练，由他们再去实践和复制。

记住：关于学习“成功八步”的方法是——边学，边做，边教别人。

序言3:

你是不是真的想富有?

你真的想富有吗?

你是否是一个真正想富有的人，如果你的回答是肯定的，请看下一个问题:

你真的有一个具体的人生目的和相关的致富目标吗?

如果你的回答是肯定的，请看下一个问题:

你真的有一个富有的计划吗?

如果你的回答是肯定的，请看下一个问题:

当你在执行这个计划的过程中遭遇了挫折，你能顶住并坚持到底吗?

如果你的回答是肯定的，请看下一个问题:

如果你实现了自己的致富计划，你觉得这种富有的程度和状态能够满足你的人生目的和实现你的人生梦想吗?

如果你的回答是肯定的，你就是一个真正想富有的人。

你要富有，要创建你自己的系统，你通过什么来创建?有的人说想开创属于自己的网络营销王国。我同样要问，这真的是你所想要的吗?请好好地想一下这个问题:你真的希望发挥你最大的潜能吗?

假如你经过充分思考后的答案都是肯定的，那么我会毫不犹豫地向你推荐本书，它将可以帮助你达到这个目的。

《成功八步》是在描写个人如何投入这个既特殊、又刺激的行业，这个既是生产者又是消费者的行业，一个神奇的消费商的行业。

首先，本书让你认清为什么要从事这个行业，本书会以一套程序引导你了解自我的人生目的，进而制订达到人生目的不同阶段性的目标。接着你将学习如何运用梦想和承诺激发你的潜能与创造力。

接下来，你要准备好体验一场精心设计的自我探索旅程。你将学习一些经过事实证明可行的“该做的事情”，这些事情将带给你力量，使你能够建立并享受一种专业的梦想成真的个人生活。

这些可能性是指达到你人生阶段性目标的可能性：享受拥有优厚的报酬、具有创造性与实现自我的事业，发挥你最大的潜能、获得真正的财务自由，用特殊的方式为他人服务。

把书送人：一人一本

本书将一步一步地引导你建立和持续经营网络营销事业。在这个过程中，首先你将发现开发客源和运用电话的技巧。接着你将学习如何生动地讲计划以及举行专业而有效的“商业聚会”。同时你也将学习正确的思维方式和用正确的答案来解答反面意见，以及如何运用有效的跟进系统，建立广大的客源基础并维持稳定增加的新成员。

不论是在家庭聚会上讲计划，还是对新营业代表的教育培训，或是如何轻松地传授你的成功经验等，都在这本书中。本书根据研究国际著名的网络营销成功人士多年来的经验，以深入浅出的方式来阐述内容。这些被我们研究的成功企业家，他们也曾经是新手，后来经过丰富的实践而成功了，因此，他们知道哪些方法有效，哪些方法行不通。

在“行业知识”方面，本书对营销网络成员了如指掌。因为成功人士建立了“百万人”组成的营销系统，亲自领导他们自己的网络营销公司。通过公司，培训了成功的网络营销领导人。他们的经验已经获得国际多层次营销协会的“最高荣誉”。在建立网络营销事业的教育培训上他们是大师级的培训讲师。本书就是这些大师的经验结晶。

本书为我们揭开了这个行业复杂而又神秘的面纱。在你阅读本书的过程中，很多时候，你一定会把书放下，对自己说：“真是太棒了!”或者是“原来是这样的!”或是“人性原来如此!”

这本书是完整的、有感情的、具有影响力的、可实行的，其中包含了太多精彩的诀窍与提示，书中的许多智慧不仅可以用在这个行业，同时可以用在其他行业中。本书充满人性化色彩，读来让人志趣盎然，仿佛就是你的一个密友，坐在客厅，把他的知识与经验与你分享。运用这本书的最佳方式就是多读几次，并且赠送给你的新伙伴们——每人一本，在他们还未开始他们的营销工作前。假如你这样做，你的营销生涯将变得非常成功。

第一步：梦想

没有梦想，人生就没有意义。没有梦想，就没有一切！

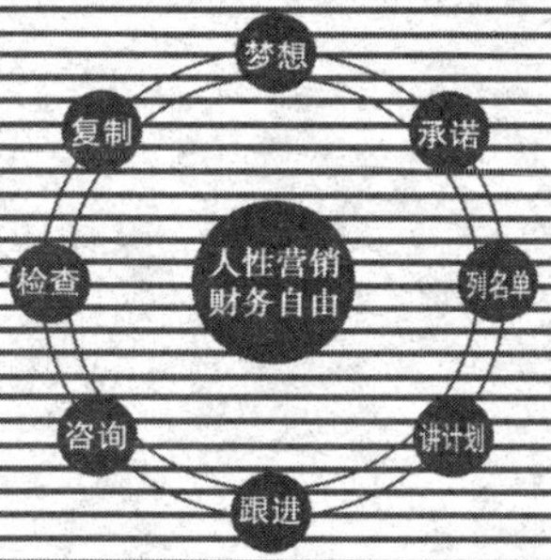

SUCCESS

不要让任何人偷走了你的梦想

如果有人问你，在不考虑经济问题的前提下，你希望做些什么？你一定愿意做那些即使得不到任何报酬你也会乐在其中的事情，这些事情让你产生自尊，让你显得伟大，让你的亲人和朋友为你骄傲。这些就是你的梦想。你的梦想有多重要，你知道吗？没有梦想，人生就没有意义。没有梦想，就没有一切！

你知道什么是梦想吗？梦想是你的潜意识深处的产物，是你耗尽一切能量甚至牺牲生命也希望得到的东西。相信你的梦想吧！可惜，在这个世界上太多的人失去了梦想，失去了尊严。我们的梦想到哪里去了呢？答案是：有人偷走了你的梦想。谁偷走了我的梦想？我应该怎样找回？这是我们要认真对待的。美国诗人休斯曾写到：

紧紧地抓住你的梦想
一旦梦想消亡
生命就像断翅的鸟儿
再也不能飞翔

这首诗生动地描写了梦想与人生的关系，如果一个人失去了梦想，其实就已经失去了生活以及人生的全部意义。所以，我们要取得经济上的成功，必须从梦想开始。你先停下一切，看看你自己和你身边的一切，哪一样不是你或他人梦想的产物？再看看我们崇拜的那些大人物，哪个不是坚持自己梦想的人？哪个不是真正的大梦想家？醒悟吧，无论你做什么，首先要找回自己的梦想。

实现梦想六步曲

梦想制造了我们的生活，使我们的生活变得有意义。对待梦想我们应该有一个正确的态度。那就是坚持你的梦想，永远不放弃。坚持自己的梦想有一个原则：

不要去试，而要去做

实现梦想的第一步就是下决心去做。去试一试的人很难获得成功，成功是下定决心去做而且坚持到底的人获得的勋章。抱着试一试态度的人就像骑在墙上观望的人一样，既想胜利，却不愿意付出。

实现梦想的第二步是不怕困难。要做事必然面对困难，我们应该坚强，应该放手去克服。靠成功越近，困难就越多。许多失去梦想的人，就是因为惧怕困难。为此，我们应该多与胜利者在一起，与成功者为伍。

实现梦想的第三步是设定目标。目标是我们的指南针，一个梦想的实现需要一系列高标准而又非常现实的目标来指引。设定目标是向自己挑战。当你设定了一个当下的目标就是找到了一个实现长期目标的阶梯。

实现梦想的第四步是搞好人际关系。人与人之间的交往，就像一条双行道，双方各有抱负，但在交错而过的时候一定要为对方留下成长与成功的空间。

实现梦想的第五步是做成功者而不做抱怨者。成功者总是能够接受自己的失败和错误，他们能心平气和地收拾残局，为达到目标而继续奋斗。成功者总是愿意去做那些失败者不屑于做的事。记住，成功者永不抱怨，抱怨者永不成功。

实现梦想的第六步是建立良好的个人形象。良好的个人形象能够让你在逆境中勇往直前。要想成功就得先建立起自己的成功形象。

要坚持梦想，最重要的是自信

信心是人生成功的真正基础，有信心的人会在他们的言谈举止中表现出来。这个基础打得牢，就能帮助我们实现自己的目标。我们今天选择建立管道作为实现我们人生梦想的手段，我们从事的是一种很特殊的人性营销。要在这个领域取得成功，关键就是要不断地帮助和关心别人。

真正富有的人不仅应该使自己变得完美，更重要的是还应该让每个接触到自己的人也变得完美。我们应该认识到金钱对于人生是第二位的。我们可以用钱去买汽车、买房子、买游艇甚至买人造心脏，但金钱的确买不到人心和信用。有了正确的认识，就放手去做吧！记住美国总统布什家族的名言："说'我做不来的'人，在没有开始之前就俯首称臣了。"

大思想的神奇

个人成长领域的大师——大卫·舒瓦茨在其名著《大思想的神奇》中，讲述了一个关于"大思想"的故事，非常令人吃惊！

他说他曾经非常有幸地出席了一次给他留下深刻印象的销售会议，负责这家公司市场销售的一位副总裁在会中显得极其兴奋。与他一起站在台上的是这家公司的一位销售代表，此人相貌平平，但在即将结束的一年中，他所赚到的营销提成大约为 60000 美元，与此形成对比的是公司其他销售代表所赚的金额平均为 12000 美元。

这位副总裁意味深长地看着参加会议的人们，他指了指身边的人说："我要你们瞧瞧哈利，好好地瞧瞧他，你们看看哈利身上到底有些什么是你们所缺少的呢？哈利的收入凭什么能比你们多 5 倍，难道他比你们聪明 5 倍？不！至少根据我和人事部门对他的观察，他完全不是。我可以实话告诉你们，有关测验显示他比你们都要平庸。"

他接着说："那么，是哈利工作努力的程度比你们多 5 倍吗？也不是，事实上，他所费的工夫比你们大多数人还要少。"这时，全场的人们完全被这一席话震住了。

“是哈利拥有较好的销售区域吗？我不得不再次否定这种说法，因为他所拥有的销售区域与我们大家并没什么两样。是因为哈利教育背景较高吗？或者他的健康状况好于你们大家吗？还有，是他的精力比我们旺盛吗？都不是，其实他与其他人一样平凡，甚至比在座的许多人还要平凡。那么哈利的销售魔力是什么呢？”全场一片寂静，等待着一个惊人的答案。

“我的结论是：哈利与你们各位的不同之处在于哈利的思想比你们的思想大5倍！”

副总裁仿佛有点得理不饶人，他继续对大家说：“在决定成功的因素中，体力、智力、精力、接受教育的程度都在其次，最主要的是思想能力的大小。”

遗憾的是我们多数人活了一辈子竟然不知道：作为人，你有一种最强大的工具——梦想，这是一种无所不能的工具。怎样使用这个工具，决定了你的一生。

世界上最伟大的宗教领袖和精神导师们都告诉我们“世事无常”，但他们却同时告诉我们：“只有你们自己才是自己的主宰。”改变你的思想就能改变你的世界。从《大思想的神奇》这本名著中，我们完全可以看见梦想的力量。

让你的想法与众不同

“成功是需要代价的！”这句话谁没听过？但从消极的人口中出来的含义是：你必须赔上你的生命和灵魂，才能有所斩获。仿佛只有付出惨痛的代价，你的家庭生活、你最为珍贵的价值观才能达到更高的水平。

事实上，只要你拥有梦想，成功并不需要那么高的代价，梦想能够让你的智慧与宇宙的智慧接通，获取无限的能量。事实上让你为成功所付出代价的恰恰是你的“小思想”，是你的一种失败者的心态。你需要的是拥有真正的梦想，拥有成功者的心态。那样的话，你每向前一步就能得到一份“宇宙的能量”。

通常，人们习惯了“小思想”的环境，这种环境还传达给我们一些消极的信息，比如生命中存在着太多的尔虞我诈和残酷竞争。事实果真如此吗？

大卫·舒瓦茨在他的名著《大思想的神奇》中说：曾经有一位大公司的人事部经理告诉他，关于单位人事纠纷的研究，发现年薪10000美元的人的纷争比年薪50000美元人的纷争多50到200倍。也就是说，在“低层次”上的竞争强度，至少比在“高层次”上的竞争强度大50倍以上。其实所谓的上流社会，并不是一个“拥挤不堪的街道”，还有无数的空位正等着有大梦想的人们！

◎先知大卫王曾写道：“你心中想什么，就一定能成为那样！”

◎智者爱默生说：“伟人便是那些领悟到思想能统治世界的人。”

◎《失乐园》的作者弥尔顿说：“你的心智能化天堂为地狱，也能化地狱为天堂。”

◎莎士比亚也观察到：“事物本无好坏，除非思想从中作怪！”

要实现梦想，你必须具备两种基本条件：一是追求更大成功的欲望，二是拥有选择一种载体和工具来帮助你实现那个愿望的智慧。

人生目标太重要

当你介绍人们进入一个伟大的事业时，你应该先帮助他们建立人生目标。除非你能真正了解他们的人生目的和具体想要的东西，否则你无法将事业或商机与他们联系起来。记住，将个人目标与从事的事业结合起来是创造成功的第一步。

要建立自己的管道系统，实现财务自由，我们当然要非常重视“如何做”。然而，无论“如何做”是多么的重要，都比不上你清楚地知道“为什么要做”！要成就自己的梦想，知道“如何做”的重要性占10%，而知道“为什么做”的重要性则占90%。因为如果你不知道为什么要做，你就会动力不足。

要知道“为什么要做”，我们就要搞清楚我们的人生目标。关于人生目标，许多人误解了它。人们经常把人生的目标设定为具体成果，那不是真正的目标。比如，人们认为赚了钱、或者买了一栋别墅就实现了人生目标。但人们很快就会发现在这种目标达到后，并不能真正满足我们最初的期望，这些目标的实现没有给我们带来心灵的满足。有些人很有钱却自杀了，这实在是可惜，因为有钱本来是非常好的事情。

我建议从另一个角度来定义目标。你们不要将人生的目标视为结果，而应视为“你希望实现的价值观”，把人生的目标视为一种自我肯定，这是我们在人生旅程中达到更高境界应得的一种肯定。

人生的目标太重要！它关系到我们生命的意义。在现实社会中，我们唯一应该用来判断自我的真正标准是我们内心所渴望的那些更高的价值观——是我们自己想做什么——而不是将自己与他人做比较，更不是他人希望我们怎么做。人生目标是对自己理想的一种自我肯定。在人生目标的基础上，我们具体的结果才有意义。

你的人生目标

在童年时代，我们大多数人都相信自己能做出一些伟大的事情。现在闭上眼睛，做几个深呼吸，完全地放松，让自己回忆小时候的那些光景。或许是在游戏中，你希望长大后成为大人物，或者是你所做的白日梦，能否感受一下当时的想法与情绪。

无论你的梦想是做个外交家或演员都不重要，重要的是当你真正活在梦想中时所拥有的那种感觉。现在我们来做一个很好的练习，再一次让自己放松，让你自如地回答以下三个问题。不要判断你所写的内容是否正确或符合道德、现实条件，写什么都行，尽管写下来。不要有任何设限，让你的想法自然流露到纸上：

1. 假如我不必为了生计工作——我想做什么?（这个问题的本质是“你最喜欢做的事是什么?”）

2. 假如我有100万元“多余”的钱，不必缴税和付账单，我会用这笔钱做的第一件事是什么?（我们在此讨论的是“你太富有了”。）

3. 假如我被告知生命只剩下6个月了——我会如何度过余生?（在这6个月中，你的身体是健康的，没有痛苦或任何身体不适的疾病，你会做什么?）

当你完成这个练习后，你会觉得很有乐趣，给自己一段安静的时间，仔细地读一遍所有的答案——确定你真正想要的是什么，并尽可能地立即采取行动！其实很多人都不知道自己真正想做什么。

你所写的内容有些可能有点可笑，或是荒谬，也不现实，但没有关系。你要知道这些内容非常真切地反映了你的内心。你能从这个练习中发现你的人生目标和本质。你还可以针对所写的答案反问自己：

“假如我这样或那样做了，我会变成什么样的人，对他人有什么影响?”

你可能需要针对你所写的每一个答案，反复问自己类似上述的问题。每次你回答这些问题时，就仿佛是除去珍珠的一层表皮，于是，你将会越来越接近答案的本质。当你无法再以其他方式来回答上述问题时，你将明白你的本质，那就是你真正想要的。然后你就不需再怀疑，你只需要接受这个答案。这个答案就是你的人生目标。

梦想需要明确人生目的

其实，你小时候的梦想以及你的本质，就是你未来想过的生活和想成为的人物的指标，这些是你真正的人生目的。请相信——我们每个人都有一个人生目的。现在就写下来！在将你的人生目的写下来之前，你要了解为什么要将它写下来。俗话说“吃什么像什么”，“你想成为什么样的人就会成为什么样的人”。我们的思想相当具有威力的，思想的能力能将生活上的一切具体化。我们要聚集思想力量，一个重要方法就是把它写下来。

“写下来”是一种很有效的方法，写下来是一种承诺，你所写的内容是对你潜意识的承诺。你的承诺是正面的、积极的时候，你的潜意识会把它作为已经完成的事实接受，你的生活也将是积极的和正面的。你的行为就会按照潜意识的安排来进行。下面让我们分享一个“人生目的”的例子：

所有追求卓越与成就的人们，我希望能为你们服务。在这个过程中，我要做到理解人、诚实待人以及做最好的榜样。我很热爱这个使命，同时也希望在这个过程中获得快乐及荣誉。

关键是在我的生活中，我做的每件事都必须与我的人生目的是一致的。我明白当我追求这个人生目的时，我将会自动成长，我的境界也会因此提升。我会持续地去追求以达到我的人生目的。我将超越过往的一切——不论是对我自己或是对他人。

人生的目的在于提升人生的境界，这个过程是无止境的。它远非是你达到了一个结果后便消失的那种“具体目标”。事实上，假如你看到了人生的尽头，那就不是你真正的人生目的。人生的目的是你的人生方向，让你永远向前、向上。

因此，现在请挪出你的时间，开始写下你确信的人生目的，从一段或一两句开始，直到最后完成。假如你所叙述的人生目的太多，你可能需要精简。要慎用文字，尽可能将你的人生目的定义清楚、精确，并融人感情。现在就动手吧。

我的人生目的：______________________________

____

____

____

____

当你发现了你人生的真正目的时，你就像一个向上帝下了订单的人，你将会自动拥有特殊的、无穷的资源——协助你达到选定的具体目标。你与上帝沟通了联系，整个宇宙的智慧都为你所用。这就好比你打开了水闸，原本受到控制的创造能量将汹涌而出，推动你的生活。当你接触到真正的人生目的后，你所感受到的力量是不可思议的，你的热情将爆发。

梦想需要热情之火

热情是个人力量的关键所在。你遇见过对生活充满热情的人吗？这些人给你的印象一定非常深刻。马丁·路德·金博士的著名演讲“我有一个梦想”，那种热情、那种理想足以感染每一个人。肯尼迪总统“深信十年内人们会登陆月球”的演讲，那种信念在当时是多么令人无法置信。你想一想甘地为了印度民族的自由，是多么坚忍不拔。

想一想这些伟人，是什么力量促使他们不断地朝更高成就迈进？答案是热情！发自内心的热情。不论他们个人的生活或情感如何，热情是伟大男女们的特征，他们的人生目的是点燃热情的那股力量。你要相信，所有伟人都具有超越生活本质的人生目的。

只要你用热情点燃人生，你同样是不平凡的！你是独特的！不要认为自己只是一个凡夫俗子。我们每天都会遇到许多的凡夫俗子，其实都是因为他们自认为是凡夫俗子。他们没有热情，没有人生目的，整天都在混日子。否则他们都不是凡夫俗子！

相反，我们在平凡的环境中会发现这样的人，看上去，他们非常一般，但当他们发现了自己真正的人生目的后，生活开始改变了，最后他们的表现相当不平凡。当人们发现了真正的人生目的，就会有人协助他们将其人生目的与生命中的重要事物连结在一起！此时他们的信念系统已经点燃，就像火箭准备“发射”！

现在，让我们将人生目的点燃，转化成热情的火焰。我们将加入一些助燃物让热情的火焰越烧越亮。热情究竟是什么？它是一种不动摇的信念，一种完全的投入，就好比你对生命的那种无条件的爱。

你可以感受一下对自己喜爱的事物的热衷程度。事实上热情与人生目的就好比爱情与婚姻、马与马车之间的密切关系。热情的感觉具有爆发力！热情来自于你价值的最核心深处。

“积极成像”的法则

我认为一张图片价值“百万言语”，甚至更多。“一张图片价值千言”这句话完全正确。假如这张图片是你真正的需求，并且你能将它不断、强烈地投射成为你的内心的影像，则这张图片的价值则远超过千言万语。你内心的影像太重要了，包括：

内心中你自己的形象
内心中你看到的影像

这些影像和形象甚至就决定了你现实中的形象和生活方式，我们可以问问自己，我们内心的自我形象和看见影像是什么样子的？这些形象和影像可能就是你未来的现实。

我们必须从内心刻画出生命中想要实现的成果的图像。我们必须培养自己运用心智图像的能力，以便能集中我们的创造能源导向渴望达到的目标。

财商理论非常重视这种“积极成像”的法则，只有那些已经在你的心灵中产生的图像，才能在现实中产生。

别让恐惧限制你

如果你心中有一幅图像：在大众面前演讲时，非常的恐惧。那么现实中也会如此，这是千真万确的！这是个很正常的现象。调查发现人们最大的恐惧是在很多人的场合做公开演讲，它名列第一位。这点甚至超过了对死亡的恐惧。这真是令人感到很惊讶，为什么？

你知道什么是恐惧？恐惧其实是一种自然状态，是一种本能的自我保护机能。回溯到我们人类早期，还住在洞穴的时候，恐惧促使我们在面对一只张牙舞爪的老虎时保持一定的距离。从前的恐惧机能是有用的，事实上，现在仍然有用。恐惧是我们的一种保护机制。恐惧感让我们避免盲目地迈向危险。当我们想到战争、环境被破坏或不诚实的行为时，我们会产生恐惧。

我们内心的恐惧会形成图像，我们从图像中获得的“感觉”，形成我们的潜意识力量。但有一些恐惧的图像是有害的，不是自然的，我们称之为“人为的恐惧”。因为它们不是我们保护机能的恐惧，而是对于不确定未来的一种自创的、幻想的恐惧，会限制我们生命中的各种可能性。

恐惧有时候像一只老掉牙的狮子

恐惧很多时候是一只年老的狮子，由于年龄渐长，老狮子失去敏捷、力量、牙齿，它们不再凶猛。但看上去它的怒吼仍然有用。

当狮群选定一群羚羊为攻击目标时，年轻、雄壮的狮子会朝某一方向绕圈，而年老的狮子则朝相反的方向绕圈。当时机成熟时，牙齿脱落的老狮子站立起来，凶猛地朝羚羊怒吼，假装要发起攻击，于是，受到惊吓的羚羊本能地朝反方向逃跑，刚好落入等在一旁张牙舞爪、饥饿的年轻狮子口中。

我们人类也是动物，也有可能被这种类似狮子的恐惧所吓倒。我们一定要具备分辨是非真伪的能力，不要因为恐惧而成为“狮子的晚餐”。

我们要学会转化内心的恐惧，因为有些恐惧是自己想象出来的。比如大家都害怕在公众场合演讲，觉得这样做一定有什么后果。其实，这种假想的后果并不存在。你可以从四至五人的小型聚会开始练习，然后逐渐地，你的演讲规模变得越来越大。十年后，你就可以在世界各地对着上千人演讲——非常容易而且毫不费力。

梦想拼图

为了强化你的目标，你要让你的目标具体化。有一个很好的方法，就是建立自己的梦想拼图。梦想拼图是一张由各种图像拼贴而成的图，目的是在协助你将梦想具象化（积极成像原理），让你的梦想像图片一样具体。

梦想拼图集合了所有你希望创造的成果，它不仅明确地描绘出了预期的成果，同时也表达出预期成果中所蕴藏的情感。

梦想拼图可以是各种尺寸、形状、轮廓。你可以拼贴成一张巨型海报或活页书——类似可以抽取或加页的相片册——或是像一系列小图片——或者一页是车子、一页是浴室的镜子、一页是……的备忘录形式，或其他各种形式皆可。你的梦想拼图里有形形色色你从杂志上剪下或你自己制作的图片。

如果你想拥有高山上的别墅，那是地球上最好的别墅之一。你应该亲自到相关的高级别墅区去看一看。拍些照片，选择一栋与你想象的别墅完全一样的，放进你的梦想拼图中。你要目不转睛看着它，不断想拥有它。多年以后，你会真的发现你已经拥有了这么一栋。也许那时你已经忘了这个梦想，但是当年你脑海里种下的“种子”已经开花结果了。

奥林匹克十项运动金牌得主布鲁斯·金纳（Bruce Jenner）是一位很优秀的运动员，不过，当时并没有人认为他将成为奥林匹克十项运动的金牌得主。他创作了一张伟大的梦想拼图，并把它直接贴在他的床铺正上方的天花板上。在这张梦想拼图中，满布着他赢得十项运动中各类运动的照片——金纳赢得跳高金牌、金纳冲过终点线——又是第一！……金纳赢得撑竿跳冠军。每天晚上他都注视着这些照片入睡；每天早晨，当他张开双眼，第一个映入眼帘的景象便是他自己——布鲁斬·金纳，奥林匹克金牌得主！后来，他终于梦想成真了。

假如你渴望拥有一部新车，那么，拿起你的相机，带着全家人，到汽车经销中心，请销售人员帮你精确地找到你想拥有的车牌、型号、颜色以及所有的细节，并请他将这部车子开到停车场。然后你与你的家人坐进车内，请销售人员帮你们拍下一些照片——在你的车子内……

当你拿到照片，将其中一至两张的照片与其他照片一同放入你的梦想拼图中。每天固定时间看你的梦想拼图几次。梦想拼图包括了所有能够激励你的影像，它能不断提醒你有哪些是你想达到的，而且在梦想拼图上所有的图像及文字都代表着"既成的事实"，它们不是未来的事物，而是代表着你已经达到的一切。你正开着车子、正在旅行、已经拥有、使用或享受着所有你想要的一切！不是在未来，就在此刻。

有效目标产生的力量

你的梦想拼图不仅是你想拥有的事物，也可以同时应用在你想要成就的事物上。将梦想拼图运用在建立成功的网络营销组织上。拍一张你与你的上级领导者的合照，再拍一张你与公司总裁握手的照片，另外再从杂志上剪下人们进行演讲的图片，把你的照片放在其中。

你的梦想拼图的整个重点是让你内心浮现出你达到成功后的景象。

让你的内心接受这些图片并深入潜意识。闭上你的眼睛并全身放松，用“潜意识力量”来做事。你可以想象，这股力量有多么的神奇。这就是梦想拼图的力量。即使你多年来对生命中所能达到的境界感到怀疑，你内心那些“我能做到”的图像也不会受到影响。一旦这些图像对你有益时——你只需持续不断地让这些希望的图像浮现在你的脑海中。

因此我鼓励你现在就列出你的目标并排列这些目标的优先顺序，希望你的梦想能为你的生命带来的价值。在未来的12个月中，你希望网络营销事业让自己拥有、成为、实现什么？把内心想到的都列出来，然后再回头选出最重要的5个。

现在就开始：

在未来的12个月，我________________

1________________

2________________

3________________

4________________

5________________

在未来的3至5年中，你希望借由你的新事业，让自己拥有、成就、实现什么？同样的，把内心想到的都列举出来——然后再回头选出最重要的5个。

现在就进行：

在未来的3至5年中，我________________

1________________

2________________

3________________

4________________

5________________

上述内容就是你未来1至5年中最重要的10个目标。我强烈地建议你根据这10个目标来创作你的梦想拼图。而且，假如你能将它图像化，成为一幅远景——不要忘了将你“人生的目的”包括在你的梦想拼图中。当你这样做了之后，你便开始为自己注入一股热情，并且无法停止。这股热情会让每个人都喜欢围绕在你的身边，因为他们喜欢你所散发出来的力量。他们能够感受到你的无限的能量——与宇宙联通的力量。

具备不动摇的信念

为什么在网络营销中的人经常说“你必须热爱你的产品”？因为当你开始向人们介绍你的产品效果以及事业商机时，你一定会听到“不用了，谢谢，我没有兴趣。”而且可能会不断地听到。

假如你不确定你的产品是否真的具有如你所说的效果，

或者你怀疑这个行业是否真的那么简单有趣、真的能够赚钱、你的推荐人真的能帮助你成功时，你想想会有什么情况发生？在面对一连串“不用了”的反应之后，你也会变得绝望。

你必须能够在听到“不用了”的反应时，对自己说：“我知道我的产品是值得购买的，我知道我的事业商机是值得把握的。只是此时此刻对他们而言可能不是最佳时机。”你能够这样去想就具备了不动摇的信念。

你要如何建立不动摇的信念？以下是其中的一个关键。希望你把下面的文字印在你的脑海中。

接受、不接受、没关系——下一个……

这些字句代表着：有些人接受、有些人不接受，本来就是正常的。在网络营销中，你不必以魅力来说服或劝导他人，你也不需以聪明才智来掌控他人。网络营销是一种“物以类聚”的事业。你根据自己的经验产生对你的公司和产品的信念，然后，你才能进行销售。

当你向他人推荐你的产品或服务时，有些人会接受，有些人则不会接受。没关系——你要问的是：“下一个对象是谁？”网络营销的作法是，在适当的时机，提供适合的东西，与恰当的人分享。除了不动摇的信念，没有其他力量可以帮助你建立网络营销成功的基础。

镜中人

作为一个人，我们要对自己忠诚，这很重要。有些朋友，非常努力地经营自己的事业，然而却遭遇到各种困难。他们的朋友们都不支持他，加入这个行业的时机也不对，于是他们生活周边一些重要的亲友都劝他放弃这个事业。

人遇到困境非常正常，关键是如何对待这些危机、困境、问题？建议你读一读那个著名的故事《生门死门》，当我们遇到问题时，最重要的是勇敢和智慧并用，另一个就是不能对自己撒谎。有一首名为“镜中的人”的诗，也许可以给你巨大的启示。

当你在自我奋斗中
想获得你所想要的
但世界却仅给了你一天的好日子
那么就到镜子前注视着自己
看看镜子里的人会告诉你什么
他说的一切并非由你的母亲
你的父亲或是你的配偶
为你下判断，告诉你必须做什么
主宰你命运的人
就是镜子中看你的人
他希望你快乐
不要介意生活中的不愉快

因为他会一直陪伴你抵达终点

假如镜中的人是你的朋友
他将会陪你通过最危险与困难的考验
你可能会挖到一颗神奇的种子，
想象着你将成为了不起的人

但是，如果镜中的人指责你
说你是个游手好闲的人
假如你不敢直视他的眼睛
那么，多年来你或许欺骗了整个世界
虽然你所经过的地方都得到了掌声
那又有什么意思呢？
假如你欺骗了镜子中的人
你最终的报应将是痛心的眼泪。

——佚名

我们要忠于自己，不要欺骗自己。你的人生目标一定要真实，你的行动一定要踏实。一个活得真实的人也许就是最有意义的人。

信心来自能力

你必须发展你的信心。“信心”一词在字面上是由内心和信任二字组成，表示内心的信任，表示你首先是相信自己的。这不是很棒吗！因此，你可以从内心信任你的事业、你的产品、你的商机——或者你也可以不信任，没有人能为你做决定。

信心来自你的内在

使用产品，体验它们的效果。尽可能参加每一场聚会、每一场商机示范观摩会、每一场公司认同的研讨会。因为当你依照这个方式进行时，你将不断地接触、直接体验、使用产品，不断遇见成功的人。

这可能对你在事业开创初期有很大的帮助。试试看，它真的很有效。你知道为什么坚持教育培训是非常重要的？因为受过良好教育培训的人是有能力、有信心的人。他们知道要做什么以及何时做。

你可能是幸运的，属于百分之一的那种具有天赋的人。但是，绝大多数人与我一样，是其余的百分之九十九，是一般的人，就必须接受教育培训以及练习或实践——当你受过教育培训并勤加练习后，我向你保证，你将成为有能力的人。

有能力的人才是自信的

教育培训需要别人的帮助，而练习则在于你自己。本书里有一些好东西，但只有在你完全了解后，才能获得诀窍。

梦想需要真知

有些人已经达到了你所向往的境界，并且他们愿意将经验与你分享。你只需要敞开心胸去接受他们的智慧。很多知识，只要你愿意学习，就有人愿意教给你。令我感到不解的是有很多人竟然认为知识是昂贵的！世界上最好的知识恰恰是免费的。

有相当多的人每年花费6000元在他们的外表上——剪发、喷发液、吹风机、帽子以及其他你所想得到的东西上。这点当然没有错，但当你建议他们花1000元参加培训会或自修课程时，或是买一本25元的书，他们便不断地发牢骚。对于那些认为教育是昂贵的的人们而言，我会告诉他们："你们并没有好好计算无知的成本！"

无知是世界上最高的一种成本

从一本教育性的书、杂志或一场培训会上获得的一个创意，可能为你创造数千、甚至数百万元的财富。我有一个同事，他从公司的学习资料（他每年必须支付100元订阅的学习资料）中读到一个创意，后来他把这个创意以10万的利润卖给他的客户。知识就是力量——特别是创造金钱的力量。富兰克林为它做了最佳的阐释：将你拥有的东西存放在内心中，这样就没有人能偷走它。

我们的心智让我们与一般动物有所区别。持续不断投资在你的心智上，我保证回报率是无可限量的。因此，我肯定你将成为一个不平凡的人物。我向你保证，你宽阔的心胸将为你累积更伟大的成功。你所需要的只是时间！

与优秀者为伍

假如你过去在网络营销上获得不错的成功，假如你的公司名列世界前十名，假如你是众多领导者的领袖，你是年度最佳营销商，被认为是公司、社区中对人们最具影响力的人物，是的，甚至是全世界最具影响力的人物，那时你的生活与现在会有很大的差别吗？

当然会有很大的差别。

我并非在探讨人性，或者是关于你可能因为突然的成功而忘记老朋友等等。我所要讨论的是你将来会在哪里？会做什么？这些与你与哪些人“打交道”有关系。所有这些都会因你而改变，甚至是戏剧性的变化。

那么，为什么不做些改变——而且是现在就做呢？我并不是指“在你成功之前先行伪装”。我也不是建议你将信用卡刷到最高额度来享受幻想中的成功。我指的是利用你的环境改变来促使你获得一种外部刺激——获得更高的成就。

你曾经听过“假如你想要成功，就与成功的人打交道！”吗？以下是相同的意义却更贴切的另一种譬喻：

假如你只是与火鸡为伍，你就不可能像老鹰一般翱翔在天空。

我并不是要求你放弃一起喝啤酒的好兄弟，也不是叫你停止周末早晨与你的死党的“喝茶聊天”。我所建议你的是安排你的环境，促使你实现更高的个人成就。

你知道成功者的一个特质是什么吗？他们热衷于追求卓越的事物。你想平凡，还是希望能脱颖而出。读好书，看好电影，吃好的食物，尝试所有你能负担得起并使你能“与伟大为伍”的事物。找出你身边被公认的“领袖人物”，向他们学习，与他们“打交道”——现在就做！

梦想来自你内心

找出你最尊重或最崇拜的对象和他们的特质，然后以这些良师作为你的榜样。你的良师可以是你的父亲或者孩子，只要能够对你起到好的作用！要为了目标去行动，比如，为成功而穿着。在你“讲计划”的会议上，要穿着得体，穿上你的西装并打上领带，或者穿上你最耀眼的服装。当你的穿着看起来既专业又成功时，你会有成功的感觉。你要加入一些相关的聚会，订阅在这个行业中最好的刊物，读最好的书，听最好的磁带、CD和音乐。让积极的、精力旺盛的、成功的人们围绕在你的身边。

不要参加消极的谈话——即使是在压力下。尽可能在任何你所从事的、所谈论的以及所属的关系中去寻找、培养崇高和成功的特质。我们再次强调梦想需要以下这“四大助燃物”：

图像化

信念

教育

环境

它们可以为你提供能量，在任何时间点燃你的热情，你可以选择任何时间来进行。这四大助燃物对你而言是力量来源，而且每一种助燃物都随手可得，因为梦想来自于你的内心！

第二步：承诺

承诺就是下决心、相信自己，承诺就是必须把事情干下去直到成功。如果你的心里还没有决定要做成什么事，你就做不成任何事。

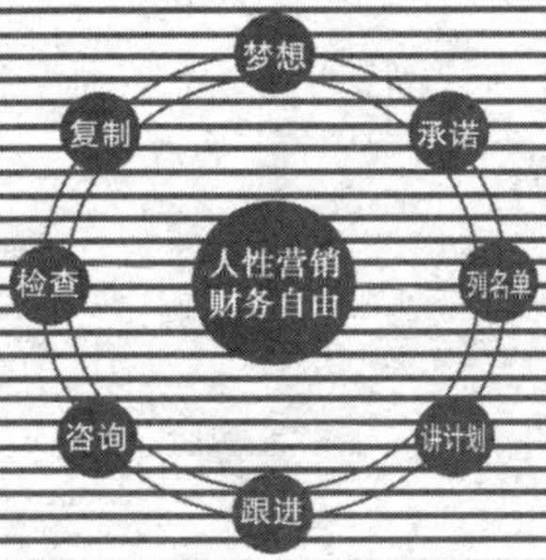

▼

SUCCESS

承诺与人生目的一致

简单地讲，承诺就是真正下决心，对自己或是对他人下一个具体的决心。承诺是我们生活中最重要的事。我们的出生就是一种承诺，这是千真万确的。承诺是一种能力，它并不需要我们制造，它深藏在我们的内心。我们要如何发现它呢？首先便是发现我们的人生目的。你最好不要向自己承诺与你的人生目的不一致的事情，因为你内心会冲突。冒险家莫瑞认为：

> 人们只有在许下承诺后才不会犹豫、不会退缩。当人们对自己许下承诺时，上苍的眷顾也会跟着而来，各式各样的好事情都相互影响而发生。关键是你的承诺应该是发自内心的。

德国哲人歌德说："无论你能做什么，或想要做什么，就下决心动手去做。勇气蕴藏着才华、力量和奇迹。"让我们将这些美妙的决心带到你的目标中。承诺是对目标的锁定。目标是人生目的的具体表现形式和指标。

通常是先有人生目的，然后有具体目标。目标又包含许多计划和小步骤。再加上时间表，承诺就逐渐完整了。你要向你人生中真正重要的部分（你的人生目的）承诺你一定要实现它，这就是成功者和失败者最初的差别。

那么，你将如何开始进而梦想成真呢？答案是一次一步，循序渐进。老子说："千里之行，始于足下"，你的梦想都是由你实现一个一个的具体目标来表达的。你的目标让你循着正确的途径以追求无穷的终点，同时目标也促使你的旅程获得更多的报酬、更多的乐趣。

承诺的目标如何实现

承诺如何实现呢？再伟大的承诺也是从完成一个又一个小目标来实现的。小目标实现多了就变成了大目标。大目标实现多了，我们就达到了我们的人生目的，实现了属于我们的价值观。我们开车一定要预定目的地，我们首先会在地图上找到目的地的位置，然后再找到其所在的城市，接着开上高速公路……

目标让我们知道什么是正确的，什么时候我们偏离了轨道，什么时候必须加以调整修正。目标协助我们加速，让我们有动力。每当我们完成了某一阶段的目标，便产生更多的力量来实现下一阶段的目标。

当你设定一个目标，努力投入，坚持信念，迈向它，最后达到……只要你已经真正完成了一些事，你就会体会到，比你完成的事更为重要的是你能力、素质、自信的提升。

什么样的人会设定目标并努力去达到它？没错——就是那些今天成功的人。什么样的人会建立目标并找到实现的方式？又答对了——还是那些成功的人。

成功的人总是拥有不断增长的热情来追求他们的人生目的。成功的人是具有影响力的，并能将影响力传递给他人。

人生价值最重要

你的承诺离不开人生目的，人生目的是领航的灯塔，引导你在正确的轨道上不会偏离。你的目标是带领你实现自我的踏脚石。你永远在寻找它、趋近它、实现它。

人生目的不是指导你的作为，而是指导你的价值

我们每个人都在为我们的核心价值而奋斗，都是为人生目的而存在。你的价值代表了你的存在，而非你的作为。价值代表你的人生目的，实现目标是为了实现人生的价值。

具备了清晰、精心设定的人生目的后，无论在生活中遭遇了什么，你都不会迷失。因为你知道哪些选择符合人生目的，哪些则不适合。在艰难的时候，你的人生目的可以陪你渡过难关。若没有人生目的，你甚至不知道为什么要渡过这些难关。

当你所设定的人生目的很远大，但你却陷于失望的谷

底时，你通常会看到另一线曙光。因此，你会克服你的挣扎，将绊脚石转变成垫脚石。最后你将登上顶峰，享受成功的喜悦。你的人生目的蕴藏着巨大的能量，因为你的心灵中的目标与宇宙是相通的，这将为你提供来自宇宙的能量、克服种种问题的无限力量！不论日子是如何的艰难，你都能度过。当许多人问你，应该怎么活着的时候，你就告诉他们：以人生的价值为存在的理由！

对自己的事业承诺

帮助他人获得生活上的成功是非常完美的境界，网络营销的根本境界就是这个。同时，要把网络营销做好，我们的人生目的也应该是如此，这样，你能对他人产生深远的影响，并且最终得到财富上的报酬，特别是在你已经有用不完的钱以后，你会感到幸福的深度。

这无疑是个不错的机会！因此，让我们来讨论如何通过网络营销来达到你的目标、活出真正的自我。成功的网络营销事业，首先是把你的人生目的放在你的一只手上，把网络营销的事业机会放在你的另一只手上。现在问自己一个重要的问题：

“我事业、公司、公司的理念、组织成员、产品、服务以及‘工具’，还有我即将建立的‘系统’——能帮助我实现人生目的吗？”

当然，不论答案为“是”或““否”，可能都不是正确的答案！你能否认真地回答这个问题是很重要的。假如你可以坦白承认有其他更快速或更好的方式能达到你想要的——那样更好。我建议你先将这个事业摆在一边，针对你真正喜欢以及想要做的事去考虑。这绝对不是故弄玄虚，你要实现的是你的人生目的，不是别的，如果网络营销不是你最好的桥梁，你为什么要选择它呢？

或许你只是想要使用这些产品及服务，但网络营销却不是你最大的兴趣。或许你对组织的成员没有兴趣，或许你并不想把它当成事业。在你投入你的时间与金钱之前，你能认清这些问题非常重要。

现在，假如你的回答是“是”——那就很棒！那表示：“我的网络营销事业，包括公司提供的产品及服务，还有公司，整个系统都是你追求人生目的最佳工具。最终这个系统将会提供你所需的财富、资源，提升你的影响力，强化你对事业的洞察力，培养你的自信心。”它提供了一个让你真正实现自我以及充实人生的最佳机会。不要再与它捉迷藏了，无条件地许下承诺，开始运作吧！

无条件的承诺是一切成功的开始！

如果你一星期只有8小时的时间，那就投入8小时。尽可能在这8小时内做有生产力的事。假如你一星期能投入60或80小时——就尽力去做吧！本书训练你“运用本书中已经被证明为有效的原则”，指导你如何利用网络营销来实现你人生的梦想！承诺包括对自己和对他人两个方面。记住，你的成功有90%是在于了解为什么要做，其余的10%在于知道如何做，这是下一个重点。

承诺为自己赚钱

让我们来讨论一个“大问题”——金钱。毋庸置疑，许多人被网络营销吸引的原因是“为了钱”。这个事业能累积庞大的收入是一个事实，然而，金钱并不代表它的全部！甚至从某个方面讲也不是最主要的。

金钱确实能鼓舞你实现你的人生目的。如果一个人想成为一个百万富翁，人们常常会对此产生误解。其实，这种想法的主要目的也许与金钱关系不大，也许是想要结交一百万个朋友，或者希望金钱能支撑自己做自己喜欢做的事情。总之，目的并不是金钱。

比如，我做“财商教育”的主要目标是——我有一种理念，想要帮助人们培养一种“拥有百万元价值的态度和信念”，希望受教育者能够真正懂得金钱、财富和人生的本质，获得真正的幸福。至于赚钱，本来就不是作为培训师的我来把握的，而是人们自己的事情，一旦一个人拥有那样的态度，积极去行动，有钱是迟早的事情。

著名牧师、财富教育家文森特·皮尔在他的名著《态度决定一切》中说：“成功是一种态度。”也就是教我们建立起一种有价值的人生态度和信念，这种态度和信念是永恒的，远远大于积累财富的意义，这就是人生的终极目标。

真正拥有这种态度，难道还会缺钱吗？

我们都尊重字典，但字典上说百万富翁“代表拥有100万元或更多钱的人”，这点我就不认同。难道就不能代表拥有100万个有价值的事物的人吗？难道它不能代表拥有“价值百万的思想”的人吗？而且，在拥有100万个朋友与拥有100万元之间做比较，你会希望拥有其中的哪一个呢？当然这些朋友必须是真正的朋友。

我认识许多从事网络营销的有钱人，他们每年赚10万元、100万元或是更多的钱。虽然他们之中有些人最初是为了金钱才被这个事业所吸引，但是后来他们很快了解到金钱并不是网络营销的全部，也不是最有意思的地方。事实上如果仅仅为了钱，网络营销事业你是经营不下去的。

有时候发现事实的唯一方法就是让你赚到所有的钱然后看看对自己的影响。有许多人开始认为他们不快乐是因为钱不够，但是，当他们有钱以后，他们依然不快乐。这个时候他才知道，金钱只是人们生存必需的，但快乐的原因除了金钱还有许多。在这个事业中，你会知道金钱不是唯一的，那种流行的拜金主义是错误的。假如你学到了这一课，你将会更快乐、更能够实现自我，并且越来越成功。

从事网络营销的领导人都了解一件事：他们的成功是直接仰赖组织成员的成功。《成功八步》能帮助你让更多的下属成功。你要认清金钱的本质，金钱只是购买力的象征，只有金钱与人结合在一起才是有意思的。因此，当你朝着目标努力时，不要把焦点摆在金钱上，应该把你的注意力集中在你的梦想上。还有就是尊重每一个能够让你成功的人，这就是对自己赚钱的承诺。

发现目标的本质

我们要确保设定的目标有效，就要发现目标的本质。如同我们在发现人生目的时的作法一样，针对你每一阶段的目标询问自己——

“当我达到这一阶段目标时，它能带给我什么?”

我们要持续进行这种提问，直到发现本质为止。现在，你的目标变成了一幅具有影响力的图画，代表着你未来生活的一些方面。

当你发现了目标的本质，这是吸引人并且极具影响力的力量。本书将为你提供这种技巧，使你受用。另外，还有一件事与培养你的这种能力有关——

当然。你现在还无法立即达到你的目标——但是，要培养这种能力，这个非常的时刻，请你闭上双眼，然后用梦想的眼睛看见你正驾驶着最豪华的轿车。你可以学着用想象拥有驾车的“本质”、梦想的本质。

本质是一种“观念和物质”的抽象物，既不是观念也不是物质。总之，你必须在你的内部找到拥有这种“本质”的感觉。奔驰车对你的意义是自由、是安全，拥有奔驰车象征着一种满足、自我尊重。你可以培养出那样的感觉，也就是说获得自由、满足以及自我尊重的内在经验——这是创造更好的未来的最佳方法。就是说，你内心成为富人以后，你的现实也可以成为富人。

先拥有本质，然后拥有想象，最后拥有现实

现在你已经拥有了这把钥匙，告诉你，获得“自由、满足以及自尊的内在经验”能够开启你情绪的源泉——让你的感觉非常好。当你充分了解了自己真正的人生目的，并深信网络营销能结合你的人生目的——释放出你的热情，当你的热情流露时，任何事都变得有可能！你可能会问：“网络营销是促使我获得生命中想要事物的最佳工具吗？”回答是：“只要你真的想要，真的精通这个事业，就能获得非凡的成功！”

第三步：列名单

每个人都在建立一个蛛网一样的世界，你认识的人越多，质量越高，你的世界将越美妙。

中国人的人际关系像一个网，这点你尤其要知道。

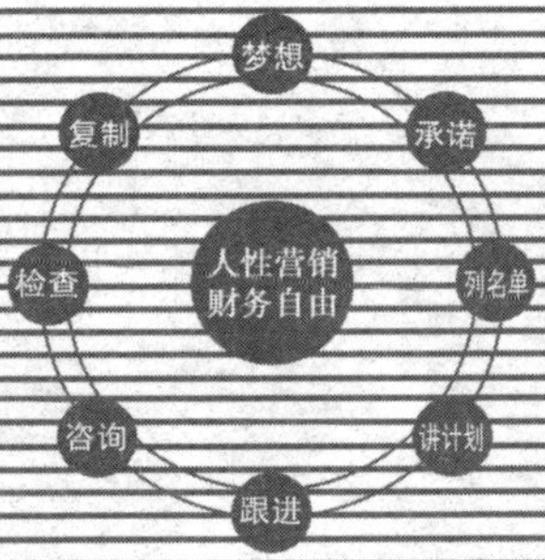

SUCCESS

你将怎样挖掘金矿

任何一种生意，要想取得成功都需要找到真正意义上的客户。这个行业最重要的部分并不是奖金计划，而是如何“经营”事业。你在这个事业中不是在打工，或者年终分到一些奖金，而是要想方设法把自己的事业做大。开发潜在顾客是你做任何事业的第一事务。如果你是一个生意人，你需要做的首先是不断地找到你的客户和生意伙伴。而在这个网络营销的生意中，你寻找的合作伙伴和客户常常就是同一个人，他们既是消费者也是你的合伙人。

现在，我们将探讨开发顾客时“螺帽与螺丝”之间的微妙关系。开发潜在顾客和仅仅做些销售之间是有很大差距的。

假如我拥有一座金矿，它是世界上最丰饶的金矿。我将告诉你我的金矿地点在哪里，而且你可以进入矿区，随意拿取你想要的金子。你可以尽力得到你想要的所有金子。但是你只能拿一次，你只能进入矿区一次。为此，你会怎么做？

你打算冲进矿区凭着你的双手与原始的热情尽可能地搬运金子吗？这是一种方式。但假如你够聪明的话，你应该回家准备好所有需要的工具来挖掘财富。

在现实中，真的有这座金矿，它就是网络营销。假如你是一个专业的探矿人，你就必须首先精通专业勘探者所使用的工具。

他们到底是钻石还是翡翠？

什么是“勘探者”？一个头发斑白、蓄着胡须、穿着陈旧外套的中老年人，拖着一头驴子，背负着凿刀、铲子以及干粮吗？那是过去的勘探者。今日的“勘探者”，则大不相同。而且勘探的工作也与过去有很大的差异。

关于“勘探者”的定义，有一些关键字我希望你们特别注意。勘探者是指专门开发那些自然资源如金矿、油田或钻石的人们。勘探就是开发的意思，并非指制造、创造、说服、劝诱或销售。也就是说，有价值的财富本来就在那个地方，等待着勘探者去发现、挖掘，最后，运回他们家里去。

开发牵涉到被开发的区域。你要开发的区域，范围有多大呢？法律上是否允许你开发？你与之合作的网络营销公司在这个区域是否有销售权利和经营权利？在法律和相关经营的权利都没有问题的前提下，事情才能顺利。

这个区域的所有的人都是你的潜在开发对象

你可能觉得这种想法有些疯狂，不过，你想一想，在你人生的旅途中，是不是遇到过很多的人，最后成为你知己的那个人也许正是你没有想到过的。所以，你并不知道哪些人是你未来的合作伙伴。

勘探者追求的是什么？是“有价值的天然资源”，并非需要制造、加工或创造，而是自然、已存在的，并且具有宝贵的价值的，如黄金、石油或钻石一般的珍贵。这些人(每一个人）都是你的宝贵资源，关键是你还不知道他们到底是钻石还是翡翠。

钻石就在你家的后院

告诉你一个在网络营销中最有名的故事。没有人确切知道这个故事最初是由谁说的，然而这个故事确实发生在许多不同的场合以及不同的人们身上。使这个故事变得家喻户晓的人是康威尔博士（1843年~1925年)，他在世界各地宣扬这个故事，并在费城创立了天普大学（Temple University)，实现了他想要为贫穷但好学的年轻人设立一所好学校的愿望。

据说，康威尔博士演说这个“钻石田”的故事超过了6000次，只要他出现的地方就会吸引很多的听众。我肯定你与我一样熟悉这个故事，但是，我说的重点不在这个故事本身，而是在于如何将这故事的原则应用在我们的生活中。

“钻石田”叙述了一个住在非洲的农夫发现钻石的故事。当这个农夫听一个旅行者说有人因为发现“钻石田”赚了好几百万美元时，他便立刻卖掉他的农场，离开家乡去寻找钻石。他走遍了整个非洲大陆，却没有发现任何钻石。最后——他身无分文，生了重病，在心灰意冷的情况下——跳河自杀了。

而在这个可怜的农夫遭遇不幸之前，买下他农场的那个人，在流经农场后院河流的河床上发现一颗大而罕见的透明石，他把它视为宝贝，放在他的斗笠中。

过了一阵子，先前那个告知农夫发现“钻石田”故事的旅行者又来到农场，他仔细地察看了那颗透明石，然后告诉这个农场的新主人，“你发现了世界上最大的钻石，价值连城啊。”令旅行者更为惊讶的是，新主人还告诉他，“我的整个农场上都覆盖着同样的石头。”

康威尔博士强调的重点是，第一位农夫早已拥有钻石田——却因为没有发现“自己本来就拥有巨额财富”，整天向外面去寻找财富，终日匆忙，却一事无成，甚至放弃了自己巨大的财富去寻找乌有的虚幻之物，因而铸成大错。

诚如康威尔博士所指出的，我们每个人都像第一个农夫一样。无论我们居住在什么地方或从事什么工作，我们以及我们四周都围绕着“钻石”——就像是覆盖在农场上看起来很奇怪的“石头”，乍看之下可能不像钻石，但加以研究后——仔细察看以及稍加打磨后——就会显现出其价值。因此，我们应该明白我们的人生，我们将开始进行勘探“你自己的后院”，其中充满着早已存在的、自然的、有价值的宝物。

成功者都是会列名单的人

我在做财商培训的课程中，一直在教这个重要的“商业行为”——列名单。

因为不会列名单的人，很难成为一个出色的商人。成功人士都是会列名单的人，不仅会列名单，还能把名单上的人找出来，成为朋友，合作赚钱。成功者善于发现“潜在顾客”的名单，因为，他们非常清楚潜在顾客的价值所在。

在网络营销中，这个“列名单的法则”就更为重要，这个行业的成功者没有不使用“潜在顾客名单”的。因此，在教育培训课程中，你必须让新营销商一开始就学习如何列出潜在顾客名单，在他们列出名单之后，你再指导他们该如何排列出名单的优先顺序。

可能许多人认为“列名单”是网络营销最不受欢迎的地方，但其实你仔细想一想，有哪个行业不使用类似的做法呢？

任何行业的成功者都是很会“列名单”的人

在人类社会中，无论你想在哪个方面取得成功，第一件事就是找到你的支持者和合作者，这难道不是列名单吗？如果你细心的话，任何一个成功人士都肯定是一个列名单的好手，在他所在的行业，他的手上一定有一个“很大的名单”。

100人的名单

我们必须明白，作为人，最大的财富就是自己和“其他的人”。在信息时代，人是信息的携带者，又是最重要的合作者和客户，是最大的财富。每个新营销商要尽可能列出他们所想得到的所有潜在顾客名单，至少应该列出100人的名单。100人，事实上也不难做到，因为根据统计，年龄21岁以上的人，他们所认识的人员数目起码超过700人。假如有人在列100人的名单上遭遇困难，可以试试下列的方法：

拿出私人的电话簿，然后把电话簿上的名单全部写出来，另外再请他们拿出所收集的名片并写下这些名字及电话。

然后问自己几个问题：

这些人是通过什么认识的？

“哪些人是通过工作而认识的？或通过孩子认识的？或通过兴趣以及嗜好而认识的？或通过教会认识的？”等等。

把这些名单与“谁最可能使用产品？”一起考虑，以便累积更多的名单。假如，你这样做了仍不能填满名单，可以请你的上级一起召开一场脑力激荡会议，让他们帮助你发现你的名单。总之，发现100人的名单，真不是很难的事情，关键的问题是，有了这些名单并不是说每个人都会与你合作，而是不考虑他们是否成为你的合作伙伴的情况下，只要是你认识的就列上去。如果这样考虑，应该问题不大。

你们也可以2人或5人分成小组，然后互相协助列出潜在顾客的名单。一般来讲，他人帮助自己唤醒记忆是不可思议的——往往可以找出、甚至可以多找出更多的人名，可以找出更多从来没想过的潜在顾客。

百人名单非常重要，任何事业都可以从列出100人的名单开始。你可以想象，你如果想进入某个行业，如果你有了100位行业内部人员的名单，这就是你在这个行业的起点。记住，我们是在进行开发的工作，因此不要拒绝把任何一个名字列在名单上。我们紧接着要排列名单上的优先顺序。

名单越大越好

你的事业要开始，名单越大越好，让我解释为什么。在生活中，难道你不需要你有一个十分有效的大名单吗？那些成功的人就是因为他们认识的人比你多。

新营销商最常犯的错误是，当他们第一次决定出去拜访客户、介绍产品及商机时，他们在心中立即浮现出3、4个或5、6个认识的朋友。于是，他们就拿起电话打给其中一人。而现实情况是，由于种种理由使得一些人对网络营销有偏见，或者有些人事业处于高峰，他们对此没有兴趣，当然还有其他原因，这个新营销商被拒绝的几率很高。这本来是很正常的。

新营销商通常会认为，假如接到第一通电话的人没有兴趣，这代表着潜在顾客有三分之一或五分之一的人没有兴趣，也因此意味着已失去20%或30%的潜在顾客，那真是很糟糕的开始。但是假如你已经拥有100人的名单，你打电话的第一个对象不论是什么原因不感兴趣，你可以很轻松地说，“没关系，我还有99个人，我现在可以确定将你从名单上删除了。”他只占1%，没有什么影响。

你现在可以了解为什么100人的名单是如此重要了，如果你的名单是1000人，而且名单还在不断增加，这就对了。记住两件事：

第一，我们是在进行开发工作或寻找工作，我们是在开发所有的可能性，以便发现哪里可以精确地找到金矿。我们不是在制造金子而是在寻找金子。

第二，有人接受、有人不接受，没关系，再试下一个。5人的名单是无法提供给你太多机会的，名单是越大越好。

名单的优先顺序

有了名单以后，我们还要将名单排列出优先顺序，选出最可能接受你商机和产品的合作伙伴。以下是客户分类：

A 级客户——广泛受到欢迎的人。这些广受欢迎的人精力旺盛，充满活力。他们乐观、亲切的个性，很容易让人接近他们。而且当他们喜欢某件事情的时候，会向全世界宣布！就像某个朋友圈子里最先成为百万富翁的女士LK，她从事房地产起步，很快就做成了佼佼者，后来加入了网络营销也同样出色。人们总喜欢围绕在她身旁，她是如此靓丽、如此乐观、能够与人相处，磁铁般吸引着人们，也吸引了成功。

B 级客户——积极进取的人。这些人从正面看问题，行动果断，寻找结果。要辨认这群客户最容易的方式就是在名单上先找出哪些人是消极者，他们与积极的人正好相反。但是，从列名单的角度，不要将这些消极者的名单删去，而先把积极的人找出来。

C 级客户——事业有成者。是指那些在生活及工作上都表现优异的人，他们在其他事业上也是成功的。成功者之所以成功是因为他们已经知道了一些成功的规律。所以他们对在网络营销中的成功道理同样理解。你不要对这些人预设立场，以为他们其他事业很成功，不见得要加入网络营销，其实他们也应排列在优先的人群中。

对于事业有成的这群人应避免一个常见的错误，认为他们太过于忙碌，不需要更多的金钱收入等。然而，成功者的“野心”比不成功的人大，他们其实更可能看到商机，并且善于抓住机会。记住，成功者更容易成功，一个成功带动更多的成功，假如他们对所看到的商机有兴趣时，他们很有可能早在你知道之前就投入了这个行业。

除了以上的优先客户外，你还要根据自己的实际情况，根据你上级的指导来排列优先顺序，因为你上级的经验比你丰富，他可以给你优先顺序的实际指导。

你可以认识世界上所有的人

你列名单的时候，不要预设立场将距离遥远的朋友排除在名单之外，只要他们在你的经营权限范围内，就应将他们摆放在名单中。借由适当的跟进系统，即使他们住在遥远的几千英里的海外，都不会有什么问题。除非是电话和网络都无法联系到的地方。这种地方今天似乎已经不存在了。

网络营销最伟大的成就之一，就是你能运用电话、特别是今天的网络来建立一个真正成功的、全国性的系统。这个世界上没有比将热情转变成说话的声音来得更有效的方法，没有比无线网络连接更超前的方式了。

因此，你要打开心胸，不要限制你的思考——用最新的联络方式（只要这些技术出现）连接你的潜在客户，让他们的范围扩展到全世界。很快地，我们就可以联系上所有的人！你要坚信一点：

只要你愿意，你可以认识世界上所有的人！

运用电话是你开发系统的重要步骤，专业的电话营销和专业的网络联系是我们必须注意和培养的。你的顾客名单是永无止境的。

当钻石级营销商YJ最初投入这个事业时，她列了一份100人的名单并且立即行动。她针对A级顾客群排定约会，给他们讲计划，于是，不可思议的事发生了。许多她的A级顾客开始使用她的产品，但并没有加入这个事业。但是他们都提供4至5位他们认为会喜爱她的产品的亲朋好友。在她尚未察觉发生了什么事之前，她的A级顾客名单已增加到了150名——这是由YJ的潜在顾客所提供给她的名单!

YJ花了很长的时间联系B级与C级顾客。而且，一旦由潜在顾客提供的名单中有4至5位开始使用产品并对商机有兴趣时，她便会回头拜访原先提供名单的那位顾客，并向他说明他已经拥有一项正在进行的事业，只要他愿意投入就可以建立自己的资产系统。大部分的结果是他们都同意加入。你知道吗？所有那些经由介绍而加入的人绝大多数都是YJ不认识的陌生人！这说明这个事业不是由熟人成就的，成就你的人曾经都是陌生人。

你的事业不是靠亲朋好友

我作为网络营销的研究者，对于网络营销中的用来描述的一些词汇很反感，比如“杀熟”等等，就是说网络营销从业者最初的名单最大的比例是亲朋好友。但其实，你想想任何一个行业，在你开始的时候，你能从不认识的人开始吗？你也是通过亲朋好友介绍认识你的合作伙伴和潜在客户，与这个生意本质上没有区别。

同样的道理，这个生意的成功人士也不是完全靠亲朋好友来支撑的。事实是，迟早你必须寻找“陌生人”来与你合作建立你的事业。仔细想想这点，真正要做成比较大的事业都是靠更多的“陌生人”而成就的。

比如，从今日起2至3年后，你将拥有大规模的网络营销事业，你将拥有50至100位主管以及上千人的组织，这些人中，有多少人是你现在所认识的？事实上，可能其中大多数的人你都尚未谋面！

这不是说服人的事业

再次强调，网络营销并不是说服人的事业。它是以“物以类聚”的方式发现那些对你的产品和商机有需求的人。准确地说，这是一个寻找合作者的生意。就像一个职业足球教练一样，他们不是要培养球员而是发现哪些球员适合他用，哪些球员在球队中有适合的位置。其实，成功的原因是你在不断地做事，直到遇见合适的人。

记住，这是一种开发性的事业——你是在探寻已存在的有价值的资源、有价值的人，而不是让你把一个没有价值的人变得有价值，为了这点，你一定要学会——

敢于与陌生人交谈

如果你不熟悉这点，你可以读读著名的工具书《未来财富》和《谈话显信心》。你是否问过自己，为什么与陌生人交谈会令人感到恐惧呢？你认为是否由于我们在小时候被灌输了“不要与陌生人交谈”的信息，它一直深埋在我们的潜意识中，因而导致即使我们是成年人也仍然不敢与陌生人交谈！

无论是什么原因，成功的网络营销人员迟早都会与陌生人交谈——而且他们终生也会一直这样做。其实每个真正成功的人都是能够与陌生人轻松自如交流的高手，他们都突破了心理障碍。如果你暂时还不能突破这点，可以参加相关的培训并积极实践。如果有一个地方遍地是珍珠，但对你而言，那里全是陌生人，你该怎么办呢？你要如何与他们联系呢？你如何超越现存的障碍而建立持久的关系呢？你如何与陌生人交朋友呢？答案便是——乐在其中！

学会吸引陌生人

假如可能的话，你最好随身携带你的产品。有机会的时候就展示给大家，注意一定要选择时机。尽可能随时随地引起人们的注意，让人们产生兴趣并向你提出问题，仿佛你从事的是广告业。

徽章是很醒目的宣传物。假如你的公司有徽章，就戴上它，特别是徽章的样式很容易引起人们的反应时。许多人最初也不相信徽章会有效果，但经验会改变他们对徽章的看法，徽章很奇妙！

有家公司的徽章上面写着：“现在就减肥，问我是如何做到的。”徽章本身就有宣传效果。在美国，有一位非常成功的女性，她在一家净水器公司工作，她所戴的徽章上写着“瓶装水每加仑只要 3 分”。她说在超市里，人们会拿着每加仑 1 美元的 5 罐装瓶装水询问她徽章上的内容是否属实。她为家人一年赚进 26 万美元以上的收入。

假如你的公司没有徽章，你可以自行制作。贴纸是另外一种方法，即使在你的车窗上的标语贴纸都有神奇的功效。有位营销商开着公司提供的奔驰车，在两侧车窗上的标语是“我免费得到这部车——问问我如何做你也能得到。”同时他的电话也在车窗上，结果是他每星期平均接到 8 个电话。徽章、贴纸、印花纸、便条纸、帽子、T 恤、明信片……这些都是能够吸引人们主动打电话给你的一些有趣的技巧。发挥创意并加点趣味，人们自然就会喜欢！

伍德是曾担任营销业协会——国际多层次营销协会(MLMIA)的会长，她曾经是百万美元收入的营销商，现在则是人人争相聘请的咨询顾问。伍德的哲学是“绝不做没有乐趣的事”。有一次，她到一家五金店并询问所有的门把，然后她选择了一个适合她的，是典雅的水晶造型。然后她无论到哪里都带着这个门把。

当她在店内时，她便把门把摆在柜台上；在餐厅或咖啡店时，则摆在桌上。她带着门把搭乘飞机、开车，无论何时何地。每当看到她的门把，人们总是会忍不住问她这个门把的用途。伍德看着好奇的人们微笑，闪动着大眼睛说：“我很高兴你会问我这件事，这个门把在提醒我告诉你们，商机大门正为你们敞开着……”接着她补充说明了她的公司以及产品。

伍德明白人性，她知道大部分的人在他们的工作中没有乐趣，她同时了解人们无法抗拒幽默有趣的人。她知道与陌生人交谈最困难的部分在鼓起勇气对陌生人说话，因此她设下陷阱让他们先说话，真是很聪明。

你应该读什么样的书

你应该知道第一印象的价值及重要性。诚如谚语所言，你只有一次的机会建立别人对你的第一印象。你知道吗？一个人在与你会面的短短的几分钟时间内可以作出40种直觉性的判断。我认为这真是不可思议！你的外表、笑容、眼神、装扮、说话的内容及方式，你的倾听能力，你的肢体语言……这些都在短短的2、3分钟内被别人实际感觉到。

有很多方式可以帮助你在别人心中建立良好的第一印象，读书是其中最有效的一种。

最好的一本书是戴尔·卡耐基的《影响力的本质——如何赢得朋友及影响人们》。在这本书中有许多经过事实验证的实用智慧。

最著名的演讲家皮斯夫妇的《为什么男人不听话，女人没方向》、《问题就是答案》、《真简单》、《身体语言》等书可以帮助你无论在男人面前还是女士面前都从容不迫，赢得影响力。他从人性的高度告之我们幸福生活的根本，几乎本本都是珍宝。

另外的一位大师是大卫·舒尔茨，他的两本成功类励志经典《大思想的神奇》和《成功思想的神奇》改变了网络营销和保险行业几乎每一位成功者的命运。

另外你还应该读的书有《生活策略》、《生命的重建》、《待人有道》、《生门死门》、《消费商系统的力量》……

建立第一印象的三个方法

希望你能将以下这些内容刻在你的脑海里：

1．人们并不在乎你拥有的知识有多少，直到他们明白你对他们的关心程度。

2．学会有技巧地凸显自己的优点，并以此成为他人的第一印象。

3．向别人提出问题，然后真诚地殷切地倾听答案。

这是一个人为人处事的核心之处，同时，也适用于生活的方方面面。这或许是网络营销行业中最重要且最具威力的成功关键。

让全世界的人都成为你的顾客

开发客户是一种游戏，生活也是一样的！应该有一种创造性的娱乐心情。开发是一种数字游戏，一旦你学会了这些原则、技巧、技能，你便能够与更多的人交谈，你会获得更多的成功，就是这么简单。

要开发客户，如果你不与众多的人交谈必定会失败，只要不断地与更多的人交谈就能保证在某个行业获得成功。你可能必须突破你习惯的领域才行。不过没有关系，当你习惯与陌生人交朋友时，赚钱就越来越多，自然而然这也就变成了一种习惯。你只需把开发客源当做是一场游戏。

你可以买10粒珠子，将它们放在你的左侧口袋里。每次你与陌生人交谈时就放一个到右侧口袋中，一直到你的左侧口袋空了才可以上床睡觉。不要担心谈话的内容，一开始你不必谈及你的事业或产品，只要能打开话题，任何内容都可以谈。

根据你努力结交的新朋友数目就可以很容易地衡量你未来的成功。很快地，你就会抓到重点，能很自然地与陌生人交谈。当你开始这场游戏时，你所要做的只是与人们交谈，不论结果如何。你就会变成与陌生人交朋友的专家，而且你也获得了大量对你的产品与事业商机有需求的潜在顾客。更重要的是，你将让“全世界的人都成为你的顾客。”

同时请记住：有人接受，很好；有人不接受，没关系，再试下一个。因为，一个开发客户的专家，同时也是一个游戏玩家。

第四步：邀约

只有向人们提出要求，你才有可能得到人们的回应；只有你要求得到财富，上帝才会给你财富。学会邀约是你迈向成功的第一步。

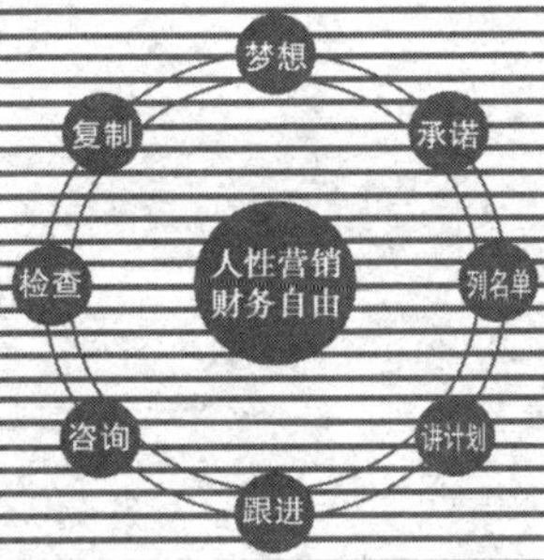

SUCCESS

人性化的电话

做任何生意，你都要与客户和合作者交流，要交流，首先要邀约。今天，邀约的最佳方式就是电话。有了打电话的对象后，接下来就是怎样打电话。你要邀约你的优先的顾客来认识你的产品和商机。

打电话一定要人性化，不要仅仅把电话当成一种生意工具，要把电话作为人性化的工具。你打电话时可能有时会不寻常、不愉快。但你一定不能这样，你一定要像与对方面对面一样来交流。对某些人而言，电话可能是冷酷而且毫无人性的设备。所以，你必须使它人性化。

建议你拿一面镜子并在其上端写上“微笑”二字。然后在打电话时对着写有微笑的镜子照照自己的表情。有一位著名的钻石级营销商为了克服“电话恐惧症”，从杂志上剪下各种大笑、微笑、相互拥抱的照片，并将这些照片贴在电话的四周和自己的手机上。也可以加点乐趣——为自己写一些鼓舞与赞美的纸条——如“谢谢你打电话来。”或“真是一个难得的商机，你的看法让我很高兴。”然后将这些纸条贴在你打电话的地方。

不要在电话里讲计划

在此，打电话的目的主要是排定约会的时间——而不是为了讲计划。我们经常会想要在电话上推销产品给人们，然而电话并非是“销售讲计划的最佳方式”，即使你是专业的电话营销人员，也不适合在电话里推销这种计划。

除非你要邀约的人住在2500公里以外，你也没有其他办法与他见面，那么，你可以做扼要的商业计划简报给他讲。

另一种例外的情况是你刚好可以提供一种大多数人们都买得起的产品——而且人们能够很容易试用。因此，你可以在电话中获得潜在顾客的同意之后，直接将样品邮寄给他们试用，然后，看他们的反应。

告知你的潜在顾客一些产品的信息——但并非所有的产品特色。你可以说你认为产品很棒的一些看法，以及其他具有相同看法的人的经验。将你的热情与个人的经验与他们分享，并告诉他们你很重视他们的意见，想了解他们的看法。询问他们你是否可以寄给他们一些信息与样品，假如他们在试用后也和你一样很喜欢这样的产品，你可以再与他们联系。假如他们不喜欢，不论任何原因，他们只需要寄回产品便可。当然，这种作法你可能只能针对“高优先性”的潜在顾客。

有效电话的五个要素

建议你将五个要素纳入你的电话邀约中，这五个要素是：

1. 现在是合宜的时机吗？
2. 传递热情
3. 赞美你的顾客
4. 提供对方拒绝的空间
5. 结束你的话题

让我们逐项进行讨论。

1.“现在是合宜的时机吗？”问自己这个问题，是为了找出合宜的打电话的时机。这是一种礼貌，能够促使你获得所期待的回答。

2. 传递热情。绝大多数的人认为沟通是人与人之间的一种信息传递，然而，真正有效的沟通必须能够传递热情。你的谈话内容当然是重要的，但你对谈话内容的感觉才是最重要的。你不必为了要成为有影响力的沟通者而努力成为产品、公司或营销计划等所有事实与特色的专家。事实上，成为专家反而可能阻碍实际而有效的沟通。这是一项复制的事业，学习分享热情比设法传递多年来的知识更加容易。你对于这个事业越是兴奋，你越可能迅速地获得成功。你必须是自己的最佳顾客！假如你发现越来越多人对你的产品或商机没有兴趣——先检查你自己的热情度。

有一个古老的销售箴言说，当你第一次开始时，拥有90%的热情和10%的知识。过一段时间就会变成90%的知识和10%的热情。

3. 赞美你的顾客。当你通过电话向你的顾客传达赞美时，首先，你给他留下了很重要的印象。第二，你真正引起了他们的注意。人们通常不喜欢一开始就滔滔不绝地谈论自己想法的人，而喜欢给你打电话的人说他真的很重视你的意见，因为你是一位专家或者你具有不凡的品味。

4. 提供让对方拒绝的空间。你曾经有多少次遇到有人向你推销产品，他越是向你推销，你就越是拒他于门外。这是很自然的反应，假如没有其他的原因，我们每个人都会用相同的反应来保护自己。让你的潜在顾客感到与你见面时毫无负担，让你的顾客有产生好奇心的空间，让他们了解这个事业并非适合每一个人，“遮掩”反而可以提高他们的兴趣。

5. 结束话题。最后一项的目的在于促使你从电话中获得你想要的结果。假如你的目标是约定会面的时间，提出你认为适合的会面时间并由他们选择。不要问他们：“我们什么时候可以聚聚?”假如你的目标是寄给他们促销套装或样品时，就假定那是他们所需要的，询问他们希望寄到什么地点。

打电话示范

现在让我们从下面这个例子中来看如何将这五个要素整合在一起。

“嗨！小明，我是朱迪，我很想你，有空吗？我们聊聊，并顺便跟你谈一个生意计划。”

“嗨！小明，我是朱迪。不知现在是否方便与你谈几分钟？可以吗？真是太好了！”

“小明，我打电话给你的原因是，最近我对于一个事情很着迷，产品感觉很好，这个商机太好了，很适合我，还有你。于是我就想到你，因为人们都觉得你的亲和力很强、影响力大，而且我认为你非常适合。”

“我现在还没办法给你任何保证，小明，因为我不确定它是否完全适合你。我只是想与你一起坐下来分享一些想法，我认为你会在这个行业中看到一个大的商机，我相信你会找到正确的方式让我们不仅乐在其中又能够赚到很多钱。”

“我这周基本上是在外午餐，你看哪一天合适呢？我们一块儿吃饭，星期二或星期四？你看怎样？”

请看，你想达到的“五个电话要素”都包括在以上电话内容之中。

我们建议你拟一份你将要打的电话的内容草稿，但不要听起来像书写稿那么僵硬——只要写下这些重点就行：

为什么你要打电话给对方；
为什么对对方是重要的；
为什么这个事业可能很合适或不适合对方；
你真心希望与对方一起合作；
最后，让他选择什么时间碰面。

有了一份草稿在面前，你就不需努力去记忆你接着要说什么，你可以完全将重心放在热情的传递上。

处理邀约中常见的问题

现在谈谈你在邀约中经常被问到的一些问题。假如有人问你："网络营销是什么？"我们的建议是：告诉他们答案，不要回避这样的问题。告诉他们你的公司名称、产品名称，并且准备一至两句描述公司的营业项目以及产品内容的叙述，然后结束话题，但也不要太过于急促，避免你的答案或声调听起来仿佛你不希望这些问题被提出来。

假如你表现得很热情，你应该很愉快地回答这些问题，然后再转移到你想谈的话题。假如你不是那么热情，你的潜在顾客自然会马上感受到。人们天生有一套对不真诚的警示系统，当人们察觉到你"回避情况"时自然就会警觉。

在这个行业中你拥有的最大价值是你的诚实与你的言语

因此，当你被询问一个问题时，给予直接、简短且真实的回答——然后再回到你的话题上。

“我很忙！”你可能会得到像这样的回答，“嗯，朱迪，我很忙，我不认为我对这个行业会有兴趣。”那么你可以说：“小明，我非常了解，我知道你很忙，这也是我打电话给你的原因之一，因为你是能够把事情顺利完成的人。小明，不如这样吧，假如我向你讲讲这个计划，在20分钟内都无法引起你的兴趣，我保证不再提这件事。我们一起吃个饭，哪一天适合你？星期二或星期四？我们约约。”

假如在你给他讲计划之后他仍然体会不出这个生意的任何价值时——千万不要给他压力。你必须信守你对人们许下的承诺。

“我没有兴趣”。现在你要学会处理这样的状况。明确地找出是什么原因让他们不感兴趣，向他们提出这样的问题：“小明，我了解。但就算帮助我，你是否可以告诉我是什么原因让你没有兴趣呢？产品或是所提供的利益？还是事业商机？”

此时，假如他们的回答是事业商机，你应该告诉他们你了解他们的想法，并且以你亲身体验或利益以及退费保证为基础，鼓励他们尝试使用产品。这时使用产品是最好的办法。然而，有时这样的答案隐藏着其他的意义。

或许此刻他们正面临生活的困境；或许他们曾在这个行业中遭遇过挫折。无论是什么原因，尽你最大的努力去发现他们不感兴趣的原因。假如他们非常坚定地表示毫无兴趣——没关系，就依照他们的意思。不要给他们压力！

并且永远保留弹性的空间以便将来能再联系。

“保持联系”。“好的，小明，我知道你现在没有兴趣。但我真的很重视你的意见，因此我希望能与你保持联系。我将来再打电话给你，并且告知你我进行得如何”。取得这个承诺很重要，一般来说，他们不会反对与你保持联系。

一般而言，“没有兴趣”的反应就是表示对他们来说时机不对。要知道——天下没有比成功更容易带来成功的事情。因此当你越成功时，他们就越能接受你，甚至比你想象的来得还快。记住，这个行业是“物以类聚”的，不是强行说服的。

有人接受，有人不接受，没关系——下一个！保持与人们的沟通是你成功的真正关键。曾经有一位营销商多次想跟一个朋友（后来成为了钻石级营销商）接触，但时机一直不对，但他仍与他保持联系。几个月过后，他接受建议了。这是真的，人们喜爱分享他人的成功，当他听到有人做得真的很棒，他感到振奋。一定要保持多方面的联系并将你的成功与人们分享，这是一种很大的影响力！人际专家认为人们通常在四至五次联系后才会成为经常联系的人。可以确定的是“绝对的耐心”是值得的。

同时，永远——无论通话的结果如何——都要谢谢他们。感谢他们的意见，感谢他们的支持，感谢他们宝贵的时间。尽可能地赞美他们，这可确保他们会很高兴接到你下一次的电话。如果他们对你说不，记住这个黄金法则：有人接受，有人不接受，没关系，下一个！

请求别人的建议

向别人请教：向他人推荐商机的成功方式是结合上述五个电话要素，并进而向他们请求建议。这特别适用于家族中的亲人、朋友或是你所认识的具备丰富背景的人，他们的经验和意见常常受人尊重，是你认为的重要人物。

你只需简单扼要地告诉他们你考虑建立或正在开创自己的事业，你希望向他们展示产品及商机以便能得到他们的意见。人们总是乐于提供意见，特别是你尊重他们，将他们视为某方面的专家时。很可能他们因此对你的产品及商机的价值产生与你一致的看法，于是你的专家就变成你的顾客或营销商了。我建议你准备一份给亲朋好友的电话草稿，而重要人物和不熟的人则准备另一份电话草稿。这两类不同的顾客群应该使用不同措辞。

爱上你的电话：曾经有位智者说，“我们在生活中想证明事情真相的速度直接与我们对事情的熟悉程度成正比。”你越是快速通过你的人性化电话拜访来结交朋友，你便越能利用电话不可思议的力量来建立你的事业。

定好每天、每周、每月电话拜访的客户数——并确保执行。你将会发现你的电话在短短的几天或一星期内变轻了许多。我非常建议你去购买一部你真正喜欢且爱用的手机或座机，好在现在市面上有趣的电话很多。

分享产品就是贡献社会

你是最佳顾客。在网络营销中，你所提供的产品与服务是“国王与王后”。如同我之前已经说过好多次，你必须是你自己的最佳顾客。因为我们的事业是建立在分享以及“物以类聚”（是选择和寻找需要这个生意的人而不是说服谁加入）的基础上，没有什么比热爱自己的产品更为重要，因为任何商业活动最重要的就是能够实现产品的消费。

我们知道人生目的——热情——具有这些特质的人们是令人无法抗拒的。当一个人爱上某个人或某件事物，那股强大的影响力会迅速地蔓延。现在，想象你的一个朋友最近因为发现一项产品而改变了生活。你上次见到她的模样简直无法与今日相比较。她看起来年轻了十岁，她看起来多彩多姿又充满活力，她正沉浸在快乐的生活中！“发生了什么事？”你问她，然后她开始告诉你关于她的故事。

她可能告诉你，“朱迪，我无法相信这个事实！我非常地兴奋，如果我不与你分享，我就快要爆炸了。”

她说，“还记得我经常食用的营养补充剂吗？——我真的减轻了重量，但是，我无法保持下去。”

她兴奋，“现在一切都改变了！自从我使用了 N21 的健康行产品，仅仅三个星期，我就减轻了 20 公斤——这是三个月前的事了，现在我的体重仍持续减轻。我现在的体重比大学时期还轻，但我很少会感到饥饿，因为我吃了所有我想吃的美味食物。现在我的外表及感觉都很不错。”

她继续，“而且你知道吗？朱迪，事实上，上个月，他们还付给我6000元呢！你知道我做了什么？我竟然赚了足够的钱买新车！快过来看看！”可见，对产品及服务强烈的热情，是成就事业的前提。

当有人将有价值的东西与你分享，而你也从中获益。你便有责任再将它分享给他人。这种逻辑其实就是网络营销的本质。

我们应该将好东西给他人，这类似西方的一种观念：要确保好的东西能源源不断地流传下去。我认为好的观点很适合用在网络营销事业的分享过程中，事实上网络营销行业的人已经成为全世界励志和观念类畅销书的主要读者。

网络营销是顺其自然的一种系统。我们与人分享自己已经获得的好东西似乎是很自然的事，就好像我们因为完成了这些事而获得报酬是很自然的一样。相反，拥有好的东西而不分享给他人是一种自私的行为。当我们与他人分享好的产品时，便是开始真正对他人有所贡献——把我们获得的回馈给社会。

产品比商机更重要

很多人认为是事业商机吸引人们投入这个行业，而且它是网络营销的真正价值。这个看法不尽然。

没有优秀的产品就没有网络营销。假如产品或服务无法提供给你的顾客有形的价值与利益，即使是世界上最合理的奖金制度，也不会为你提供持续增加的收入。这个定律是经时间一再验证的。

过去，有很多网络营销公司设法提供梦幻般的商机以及二流的产品。其中有些公司甚至在一开始便创下很可观的业绩——但很少能持久。因为市场才是最终的法官及陪审团。

事实上，人们并不愚笨，消费者对他们所购买的产品和服务的要求越来越高。

合理的网络营销中，你必须依赖销售的产品与服务来赚钱。劣质产品在合法网络营销中几乎会很快失去竞争力。这个行业的商机是直接根据你的努力创造的系统价值以及销售的产品额来发放奖金的。没有优秀的产品或服务，你的机会就没有持久的价值存在。

网络营销要求的产品必须是增进或改变生活质量的产品。无论你经销的是营养品或减肥产品、金融服务、折扣电话方案、降低污染以及环保的汽车、滤水器、草本药材、投资机会、会员卡、旅游俱乐部等等，你的产品或服务是你事业中唯一的、最重要的要素。产品是网络营销商业的原动力，而且优秀的产品能增进甚至改变人们的生活，使之更加美好。

有一句这个行业的智慧启示：在网络营销中，几乎每个产品以及每项服务都必须是增进生活及改变生活的产品。

你会问,“那么,既然是这样,为什么不是每项产品都能获得成功?”这是很好的问题,就是这个原因:因为人们在销售产品或服务时,并没有全部针对适当的对象做适当的说明。

他们并没有展示或告诉人们他们的产品或服务的真正利益,或是更明确地告知他们的产品或服务能为顾客做什么。你如何知道哪些是适当的说明呢?哪些人才是适当的销售对象?这是另一个很好的问题,而且这是你在新营业代表培训课程必须应该掌握的。

深信产品的效果

现在,尽可能让你的新营业代表参加培训课程。在课程中,你要搜集、发现人们使用产品带来的利益。将产品的效果记在心里,非常重要,这些利益是他们在使用产品或服务时所获得的。人们很容易被产品的一些特性或技术细节吸引。然而人们真正想要知道的是你的产品或服务能够为他们做什么。

你的潜在顾客想要知道的是产品能以何种方式来改变他们的生活。这也是为什么我要求你把重点集中在产品的利益上。因此,在脑力激荡的会议中,每个人只要提出一项使用产品的效果,会议主持者要将这些利益写下来(稍后可以让成员复印这些资料)。会议中不可对任何提议说“不”,这样会阻碍创意的自由发展。

你得到让所有新营业代表知道产品能让人们享受的利

益，这些利益必须来自于他们的想法——他们相信这些产品有效果。如果这些产品真有这些效果，而新营业代表们不相信，那也没有用。

最好是会议结束后，这些新营销商已真正“拥有”这些利益。事实是，你每次在进行脑力激荡时都会学到新的东西。你要引导你的新营业代表，激发出他们的热情，协助他们更成功地传达产品的效果。这样，他们的销售成果会增加十倍以上。

有关产品或服务的常见问题

你要教你的新营业代表如何回答有关产品或服务经常被询问的问题。为了成功地回答这些问题，你可以准备好这些问题以及答案。这方面，你可以阅读著名畅销书《谈话显信心》。

你的新营业代表虽然满怀热情但却很容易受到影响。因此，要确保他们准备充分，来回答这些问题，不要让他们到“战场上”被打败的时候，才发现哪些回答有效，哪些回答无效。你的工作是保护他们，而且如果你是推荐他们加入这个商机的人，那么大部分有关产品的问题你应该都已经知道。

现在，你也可以举行脑力激荡会议来搜集或增加这些经常被询问的问题。同样地，与产品效果脑力激荡会议的做法相同，让他们自行提出问题，假如有必要，你与其他经验丰富的营销商也可以提出一些问题。

在这些问题都有了答案之后，同样地把它整理成一份资料。你或许早已有了印刷好的资料，但也要让你的新营业代表在这方面贡献他们的智慧。

你可以将他们编成小组或由他们自行配对，让他们分别询问及回答一些常见的问题。这样的效果是很棒的，成员们能真正掌握他们必须知道的问题，及了解他们应该采用最具影响力的方式来表达他们的热情。

假如你准备让你的新营业代表回答这些经常被询问的问题，你必须为他们准备如何面对真实世界。你必须在他们开始这个事业的前几个星期尽量降低他们被拒绝或者受挫折的感觉。当你这样做时，你的团队“流失率”将大幅降低——并且你的销售额也会大幅提高。

供货公司的重要性

网络营销比传统行业更看重产品的质量，如果产品不好，公司不优秀，一切都免谈了。相反，供货公司一流，让新进人员以及组织成员产生热情是很容易的。所以，不要忘记你的优秀的供货公司。

请想想你公司里的优秀领导人。由于他们对产品以及客户的投入，他们才有今日的地位，他们的领导能力促使你个人和公司不断地向前迈进。每个伟大的网络营销公司在其高层都有很优秀的人才。这些高层领导者都了解你的事业是以产品为导向的，也是以系统为导向的。他们的注意力、创造力及支持的重心都在促使你的事业成功。其实，公司的领导人组成了你系统中最重要的部分，实际价值比你想象的更大，他们的确就是你的团队的组成的要素。这点是许多人忽视的，他们以为供货公司的领导人与自己的系统关系不大。

由于许多网络营销的产品必须实际体验与使用后才知其功效，你所传达给人们的产品信息有很大的部分是关于供货公司本身的。因此，你也必须花一些时间在公司方面，这方面可能是引起你的新营业代表热情的重要因素，特别是在你进行新营业代表教育培训课程中一定要强调供货公司的作用。记住：你的系统销售的是供货公司的产品。

谁最可能是客户？另外，还有一个方法能够增进你的成员的熟练度，使用“产品效果练习表”，以脑力激荡的方式来进行。你必须教育新营业代表表达正确的产品效果。接着你再告诉他们哪些是适合的对象。你们一起分析谁是最可能使用这个产品的人。你的成员将能够列出许多的可能性，因为当他们集中注意力在产品效果时，他们会发现有比他们原先想象的还多的人们可以接受产品。这就是我们能在产品上进行的努力的原因，我已经告诉你这个系统是很简单的。在产品效果和“谁最可能”上下工夫非常重要。

第五步:讲计划

致富的第一步必须是有一个致富的计划，并将这个计划与更多的人分享，团结更多的人来实现这个计划。讲计划就是把你的产品和商机介绍给你的合作伙伴。

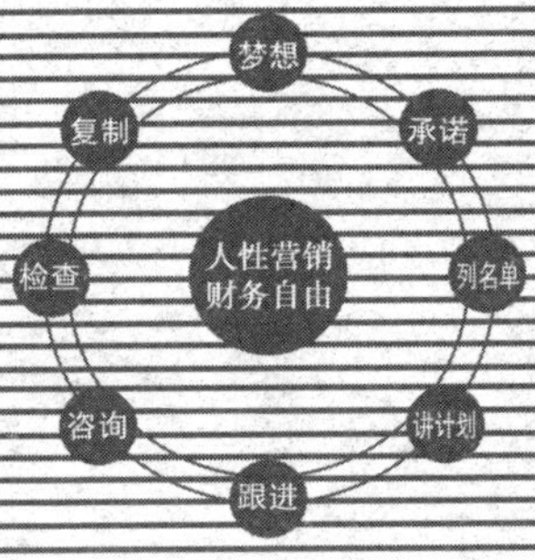

SUCCESS

演示你的商业计划

“现在开始讲计划！”现在是你一对一、面对面的时刻了，“讲计划”说明白一点就是演示你的商业计划，把你的商机和产品以及如何用这两者来建立你的系统、并靠系统来赚钱告诉别人。细想一下，任何一门生意都存在这个过程，即把商业计划告诉你的合作伙伴。无论你是建立一个什么样的企业都需要将商业计划说出来并付诸行动。

这是你与你的顾客、你的投资商“坦诚相对”的时刻。这是每位营销商和教育培训最基本的部分。你想知道如何让你的“讲计划”轻松、有效吗？请认真阅读下面的内容。

演示商业计划是一个商人的基本动作，讲计划是你从事网络营销事业的基本动作。

我指的并非是商机示范说明会，那是不同的，那有好多人参加，稍后我们很快就会讨论到。在此讲到的“讲计划”是指一对一、或是二对一的讲计划，是一种非正式的小型聚会，将这个生意的主要内容，包括公司、产品、商机等对你未来的合作伙伴作一个清晰地说明，以便你的潜在客户能够使用产品、分享产品，直至他们接受或推荐别人来进行这门生意。

讲计划时，每个不同的网络营销事业都有不同的商业计划范本。你可以先熟悉这个范本，这有利于你把这个计划讲清楚。你已经建立了潜在顾客名单，也排列了优先顺序，并且你也学会利用电话、网络等的技巧，当你邀约完成之后，就是你学习如何在面对面的聚会中对潜在顾客讲计划的时候了。

像卖家一样思考

在商业计划中，我们最需要给潜在客户讲的内容是什么呢？是怎样看待商机和如何转变消费观念。观念和机会都是潜在客户最关注的，你先从哪里入手呢？可以先从讲故事入手。你可以先从“我们怎样买东西”入手。

从传统的意义上讲，我们为了生活需要不断去店铺买东西。但我们在买东西的过程中得到了什么呢？除了得到我们需要的物品外，我们失去了我们的金钱，金钱的真正的含义是我们的时间和精力的投入（换来的价值）。然而很少有消费者想过这个问题：当你用完了你从店铺里用钱换来的东西之后，你剩下了些什么？答案是你什么也没有剩下。

同时你去的店铺剩下了什么呢？他们剩下了你与他们交换物品的钱当中的一部分，即他们的销售利润。另外最重要的是他们在这种与你这样的消费者做交换的过程中，正在不断地积累他们的有形资产和无形资产，有形资产是店铺本身，无形资产是店铺的品牌。看到了吧，这就是你与店铺的不同。

《富爸爸》系列丛书的作者、财商教育之父罗伯特·清崎认为：富人就是拥有资产的人，而穷人就是没有资产的人。资产就是可以给你带来钱的东西，负债则是可以拿走你的钱的东西。因为资产可以给你带来现金流，让你最终获得个人的财务自由。由此可见，我们在购物的时候存在一个极大的观念误区。

一般的人在购物的时候完全是一个业余的消费者的身份，而店铺则是一个专业的赚钱者的身份。最终的结果是，你成为一个花钱的人，对方成为一个赚钱的人。你在花钱的过程中完全没有任何积累、任何资产，而店铺在赚钱的过程中却在不断地积累资产。

你可能不知道，无论你是买什么样的产品，无论是否打折，店铺永远是赢家。即使是店铺一分钱不赚，它也不断在积累无形资产。而你最大的损失是你在花钱的过程中没有任何积累。这就是为什么有些人永远不能致富的原因。因为你没有店铺，所以你不富有，这里的店铺是一种象征，表示一种组织、机构、企业，说白了就是一种系统。

卖家在赚钱的同时积累了自己的系统，最后系统让卖家成为富人。

买家在花钱的时候没有积累自己的系统，最后没有系统的人让有系统的人富有。

在弄清楚了类似的问题之后，你就可以理解网络营销的可爱之处了。网络营销给你提供了一个机会，就是——

让你在花钱的时候赚钱，同时也建立自己的系统。有利润有系统才可能成为富人。

为什么网络营销能够做到这点呢？当你进行网络营销时你是在建立一个“消费系统”，这个消费系统是一种资产，你其实是在创造自己的资产，你付出的一切都是有积累的。另外你通过这个消费系统聪明地消费，在消费的时候就参加了财富的分配，得到了在过去完全被卖家独收的利润。这种消费和那种买便宜货和打折商品完全不同。这时你虽然在消费，实质上，你已经像店铺一样在思考问题了，你的消费行为与店铺的销售行为具有同等的价值。你这时是一个“消费商”——消费型的企业家。这个道理，是你在讲计划的时候应该给你的客户说清楚的。

让金钱为你工作

现金流象限是著名财商教育家罗伯特·清崎先生独创的一套财富理论，象限根据每个人现金流的主要来源分析每个人的财务情况，指导人们如何获得财务自由。四个象限分为左右两边，左侧象限为 E 和 S，右侧象限为 B 和 I。左侧象限是“安全”象限，这边的人们注重一种生活的安全保障。而右侧象限是“自由”象限，这边的人们追求财务自由。

E 是指雇员，是为别人工作的人、为某个社会系统工作的人、为钱工作的人的象限。S 象限是指自由职业者的象限，是指专家的象限，也是小企业主的象限。这个象限的人为自己而工作，自己就是一个系统，或者是一个系统的重要组成部分。B 象限是企业家象限，是系统拥有人的象限，在这个象限中的人，他们拥有一个系统，有系统为他们工作，有人为他们工作。I 象限是投资人象限，这个象限的人是让金钱为自己工作的人，他们把钱投资到社会系统中，最后产生回报率，以钱生钱！

现金流象限图

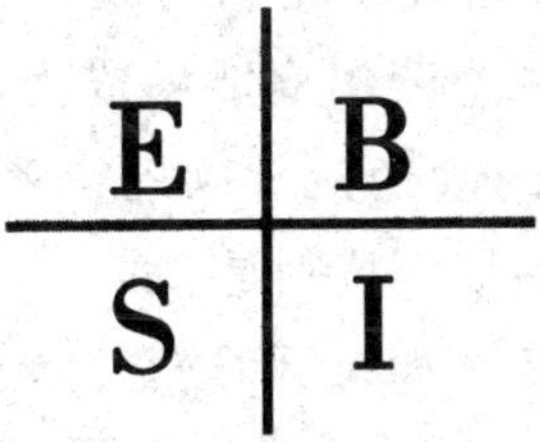

E　雇员　　　　B　企业拥有人

S　自由职业员　　I　投资人

从事网络营销的根本目的是建立一个系统，让系统为自己工作，他们是独立生意人，是消费型的企业家。成功的网络营销人员实质上是 B 象限的成员。为什么呢？因为他们通过组织“消费团队”、通过消费行为创造财富，不断增加市场份额，最终创造出一个系统。系统是一种资产，系统最终为他们带来现金流，而且是“非工资的现金流”，也就是不需要工作也可以获得的现金流。作为消费型的企业家，他们与生产型的企业家和销售型的企业家具有同等的创造财富的价值。

创造财富核心图

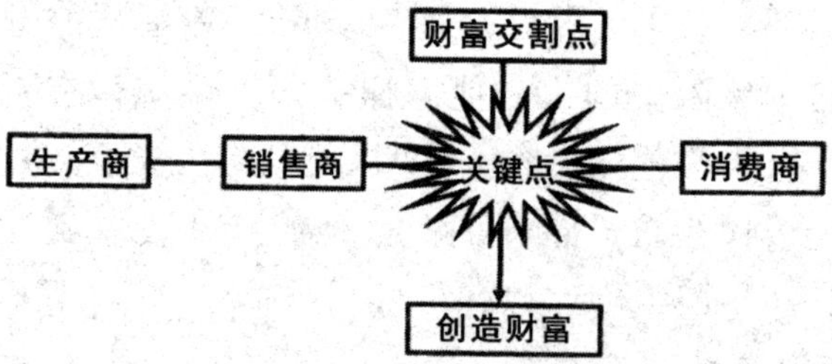

这点虽然简单，但并不是所有学过经济学或研究经济学的人都知道的。网络营销商能够成为 B 象限的关键，在于他们的思维方式的改变，所以进行财商教育非常重要，最好可以参加财商培训，特别是 Samuel zhu 先生的“金钱、财富、人生”的讲座。如果网络营销者仅仅是以销售产品为主，而不是以建造系统为出发点，也就是说在思维方式上，还没有产生本质的转变。

如果网络营销者将网络营销理解为销售工作，那么就主要停留在左侧的 S 象限。如果网络营销者将自己的工作理解为组织一个庞大的网络营销系统，最终目的是让系统为你赚钱，那么你就是在 B 象限工作。

商业计划是礼物

当你准备举行一场商业计划演示会时，对大部分人而言，最困难的部分是要求对方挪出 30 至 40 分钟或 1 小时的时间来听你讲计划。这个时候，你往往会觉得给他们造成了负担，因为他们都很忙碌而且他们的时间很宝贵。

我们应该以这样的角度来看，“讲计划”的定义是“一种演出”或“提供给他人一项礼物”。因此，当你坐下来与人们分享你的产品、公司，特别是商机时，你是在提供给他们一项礼物，给他们一个机会。

当然如果他们不接受，也很正常，因为在日常生活中，的确有太多不选择这种或那种机会的人。

你的时间也是很宝贵的，在你仔细地考量了自己和他人的情况后，你愿意安排时间与他们分享对于他们有很大价值的事——这就使你变得非常特殊。重点是你们必须记住，特别是在刚开始时，你与你的营销商不可能使每个潜在顾客都同意试用产品或加入你的事业。但假如你很清楚这是一项礼物，你对于提供商业计划的感觉就会很好——不论对方是否接受。什么样的人会一直为他人提供礼物？没错，就是好人——而你就是这样的好人。

为讲计划而奖励自己

有一个游戏，可以使你讲计划的过程变得精彩，这就是奖励自己的游戏，非常的有效。以你的名字开一个独立存款的账户，并且在上面注明“奖励基金”。每次当你讲计划成功后，你就奖励自己 100 元，存入自己的账户。也就是说每次只要你出去并分享你的“礼物”（产品和商机）给他人时，不论成果如何——你都存入 100 元到这个账户中。

如果你讲计划后获得了巨大的“掌声”，得到的是“全体起立喝彩”，你就存入 200。在你的潜在顾客名单上列出 20 至 30 个优先的顾客，你的奖励基金账户必定能在很短的时间内就累积好几千元。那么，你要如何运用这些钱呢？奖励自己，这是你应得的！你要相信，成功的目的一定能够达到。有效的商业计划包括 5 个步骤——具体步骤是：

步骤一：引起顾客的注意

步骤二：发现他们的兴趣

步骤三：创造他们的欲望

步骤四：为他们提供一个做决定的权力

步骤五：告诉他们：“你做了一次正确的决定。”

也许有人认为讲计划是这个生意最令人烦恼的地方，这不对，其实，演示商业计划是任何商业运作的必需阶段。无论你做什么，你都离不开讲述你的商业计划，你都必须与合作者谈你的商业模式。你们有没有发现，任何一位成功的商人都是演示他的商业计划的高手！现在就让我们逐项来讨论这些步骤。

步骤一：引起顾客的注意

第一印象很重要，你讲计划的时候也一样。你的外表、你的说话与倾听的方式、你的肢体语言都很重要。人们并不在乎你的知识有多少，他们在乎你对他们的关心程度。

立即建立归属关系：你必须引起顾客的注意，最好且最快的方式是与他们建立归属关系，让他们觉得“你与他们之间的关系是不一样的”。你可以适当地恭维、赞美他们。让他们知道：他们对你来说是重要的，与他们会面是一种缘分，告诉他们的这个商机是很特殊的。你要表现出你的感恩心态，表示喜欢他们。

你一定要诚恳地问候他们，向他们提问，认真地等待他们的回应。他们的回答能提供给你所需要的信息，你可以根据这些信息讲计划，因为你已经知道了他们的需求和欲望。上帝给我们一个嘴巴，两个耳朵，其中有它的道理，是听而非讲，这是有效地讲计划的关键所在。

让你的潜在顾客放松：人们在生病、不愉快、心烦或紧张时，是无法专心倾听的，这时你必须使你的潜在顾客心情放松。《人脑与电脑的比较》的作者麦斯威尔·莫兹发现人们只有在放松的状态下才能够接受改变。无论你希望达到什么效果，你都必须改变人们的心态。因此，放松是非常关键的，你的行为将影响你潜在顾客放松的程度。

模仿你的顾客：“镜子反映法”是一种能协助你促使自己的潜在顾客放松的方法，敞开心胸，以愉快的心情去倾听、观察他们的反应。观察他们的姿势、呼吸、手势等，然后，模仿他们的一举一动。假如他们交叉双腿，你也交叉双腿；他们坐着时是侧着脸，你也侧着脸；与他们用相同的呼吸频率，与他们同步做相同的手势或表情；身体向前倾或向后倒。你要做到无意识的表现。

发现他们的语言方式：假如你能使用他们习惯的方式说话，你就能建立归属关系。正如相同的民族有相同的语言方式，所以产生认同感一样。仔细聆听他们的谈话，并且注意他们最常用的语言：

“我观察到了”——表示以视觉为主。

“我听到你的消息”——表示以听觉为主。

“我觉得”——是以情绪为主导的一群人。

“我认为”——这类型的人是最聪明的。

一旦你发现了他们语言的取向，你便能够以他们最欣赏和理解的语言来提出你的问题和论点。比如：“你能观察到我所说的内容吗？”或“这件事你听起来如何？”或“对于我刚才的谈话你觉得如何？”或者是“关于这个，你认为如何？”

神经语言编程（NLP）：还有一种建立更深的归属感的方法，就是神经语言编程——使用句子结构、眼球运动、皮肤颜色的变化以及其他的更多的要素来建立归属关系。不要用神经语言学（NLP）操控他人，这是我们非常反对的。因为一切用操控的方式所建立的关系最终是注定要失败的。神经语言学是单纯而正面的，就像网络营销的原则一样是很好的。好好运用它们，可以对人类有所贡献，否则，也可以变成操控人类的工具。

多谈他们感兴趣的事情：他们所重视的事物我们应该多说，这个不是讨好他们，这只是符合人性而已。

步骤二：发现他们的兴趣

在讲计划的开始阶段，要求你发现顾客的兴趣。要求他们“多说一些关于这方面的事”有助于你了解他们，发现他们在事业上的重心。在你建立了稳固的归属关系后，你便可以询问潜在顾客是否曾开创过属于自己的事业，是否从前加入过这个行业。假如他们不曾参加，询问他们对于这个行业了解多少。要发现他们正面与负面的想法和感觉。

你无法取悦所有的人：世界上有一些人是很难取悦的，有一个故事——

有一个人经常前往一家餐厅，他变成了餐厅的常客。但是他总是坐在相同的桌位并且点相同的菜。餐厅里的一个服务生对这位客人产生了很大的兴趣。有一天晚上在这位客人用完餐，这个服务生问他对服务的感觉如何，这位客人说食物和服务都很好，但是他很喜欢吃面包，而餐厅却只提供1片面包。这个服务生听了便把这件事记了下来。

当这位客人再次来到这家餐厅时，那个服务生便交代在上餐前先给这位客人2片面包。在客人用餐完毕后，服务生问客人感觉如何，这位客人又说食物和服务都很好，但是，他很喜欢吃面包，餐厅却只给他2片面包。服务生又再次将这件事记录下来。

这位客人又再度来到这家餐厅，这次服务生在他的桌上放的是一篮子的面包，至少有4片面包。并且交代询问客人用餐后的反应。一如从前，这位客人仍旧回答他很喜欢吃面包，希望餐厅能提供给他更多的面包。这个服务生将这种情况向餐厅经理报告，他们决定了，要“真正”满足这位客人。

在预计这位客人来临的这一天，厨师烘烤了一条巨型的面包，超过3英尺长呢！当这位客人到达时，服务生与经理很快地冲到厨房，合力抬出这条巨型面包，送到这位客人的桌上，面包的长度刚好横跨桌子的两侧。然后服务生与经理两人愉快并热切期待着这位客人的反应。这位客人用很不悦的表情看着他们说，“我看我们还是回到1片面包吧。”

这个故事的含义是，有些人在生活中得到的“唯一满意”就是——处于不满意的状态。我的观点是：假如你发现你所相处的人是“只有一片面包”的类型——请不要浪费你和他们的时间。你讲的计划，有人接受，有人不接受，没关系——下一个！这就是“下一个原则”。

描述你的目标：敞开心胸，你应该一开始就描述你的目标。譬如：“现在，张军，我打算在30分钟内与你分享有关公司、理念以及一些很棒的合作伙伴的信息。”

“接着我要展示我的产品给你看，因此你可以品尝、试用、观察——看看哪些产品是适合你的。同时我要与你分享这个事业商机，虽然不是全部，仍然足以让你了解这个机会。”

“在讲计划结束时，张军，假如你仍然没有兴趣——我保证不再继续。假如你的确发现了产品或事业商机的价值，那么，我会扼要地讨论如何开始这个事业。可以吗？”

真正了解他们的期望有助于他们放松后接纳你的计划。由于你已经了解了他们的期望，因此，在结束时，当你询问他们是否愿意试用产品或加入时，他们便不会感到意外。在此要强调三项重点：

1. 控制时间。你应按照原订的时间来进行，除非他们希望你继续下去。你应该遵守真诚与坦白的原则，说定 25 分钟便应在 25 分钟内结束。

2. 根据他们的兴趣而动。他们对商机、对产品都有兴趣当然好。但假如他们不是这样，他们会在你询问“这样可以吗？”的时候提出意见。假如他们不愿意参加，你可以将你的重点集中在让他们试用产品上。你可以在他们体验产品后再向他们解说事业商机。

3. 第三个重点是可复制。人们犯的最大错误是认为他们必须在一次的讲计划中就将他们所知道的一切信息都分享出来。记住，我们所要进行的是“将适当的主题提供给适当的对象”，简单扼要反而能获得更多。你的谈话对象总是想“这些产品以及商机对我有什么价值？我能够像他们一样成功地将其推荐给其他人吗？”

网络营销并不等同于推销：你是否听说过“专业推销员在网络营销中很辛苦”。因为他们太擅长推销。事实上，在这个生意中，推销并不是全部，也不是必须的。假如你的潜在顾客认为他们必须学会推销，或者成为产品专家，他们可能会怀疑自己。简单扼要地复制能促使你的顾客了解你的立场，了解他们能够很容易地讲计划，成为成功的网络营销人员。

讲计划的简报或手册：你的简报手册可以是一个由图片、公司宣传品、图表等组成的资料，是你主要的讲计划的内容。要把这个简报做成范本，使用起来非常简单。要善用图片和音像资料，一张图片胜过千言万语，以图片示范说明效果更佳。

运用讲计划的标准版本：尽量运用你的系统或者你的领导人制作的标准的讲计划的版本，不要自己发明讲计划的标准，系统的力量是你成功的关键。

步骤三：创造他们的欲望

现在你要开始给他们讲关于你的产品与商机的信息了，以下就是你讲计划的开始。

首先介绍网络营销：在你的简报手册（商业计划书）的第一单元，也就是在你的封面之后，应该有一些对网络营销的正面说明。假如愿意坐下来听你讲计划的人都是你事业商机的潜在顾客，关于网络营销应该是你的讲计划中的开场白。你的对象有三种类型：

1. 最少数的一群是那些了解并支持网络营销的人。
2. 第二群是完全不了解网络营销的人。
3. 最大的一群是对网络营销有成见或有负面经验的人。

询问他们对网络营销的了解程度，你便能够发现哪些人是你的潜在顾客。我们希望我们所交谈的对象都能立刻明白网络营销是一种合法并且高效率的营销方式，有一套经事实验证的专业系统，目前是快速成长的行业之，它让每个人都能够拥有商机和自由。

因此，在你的简报手册中，应包括上述的事实和赚钱的例子。你要运用图形和真实的成功故事来描述你个人和公司的成就，并找一些关于网络营销的知名出版物、正面的专栏报导，同时说明网络营销的未来是不可限量的。加上世界500强企业——将很快使用网络营销的方式销售他们的产品。

电子商务加国际性组织：投资未来并保障现有的，是你参加这个事业的基本愿望，别人也一样。让大家了解这个行业的国际性非常重要。在美国加州的国际性组织——国际多层次营销协会就是这种国际性的标志。这个组织的唯一目的就是推广及强化世界各地的网络营销事业，这个组织为这个生意提供了有价值的信息和工具。

由于信息技术的发展，今天的网络营销已经变得越来越国际化和电子商务化，许多网络营销公司都为营销商提供一个全球惟一的营销号码和电子交易平台，如网上办公室、交易等等，很多成功的网络营销者最后都成了财务自由的国际旅行者和财商教育演讲家。不论行业中发生了什么负面的案例——我们都应该知道真相！不要让“听说”左右了你对这个行业的态度或信念。诚如布莱克博士阐释的，“无论原因如何，网络营销的失败都不是因为它的原则，而是因为人们不真诚和努力不够，是人的因素使事情失败。因此，保持对营销原则的信念并且小心地维护它很重要。”

另一项重点是：你可以在简报手册（商业计划书）的最后一页说明“不法的金字塔组织”与合法的网络营销公司之间的区别，以便需要时可以翻阅。

这是一个符合商业规范的网络营销组织结构。不法的“金字塔销售结构”是一种“投机事业”，参加者以推荐他人进入这个组织结构来获得酬劳，其中的许多原则都不符合商业规范。网络营销则是一种通过组织团队来从事营销的活动，报酬完全来自销售额的多少，其原理完全符合商业营销原则。营销是指从制造商将产品或服务传递至最终消费者的活动，这个过程是创造财富的关键。人们在网络营销中赚钱的唯一方法就是销售这些产品及服务，根据销售量的多少和组织销售量的多少来确定自己的报酬，网络营销人员不会因为推荐人们加入团队就获得佣金。

建立对网络营销的可信度：假如你还没有建立起对网

络营销的信任度，你就可能正在将简报手册提供给一个决定拒绝你的对象——无论你提供了什么内容。你的态度决定了你的客户的态度。这就是为什么一开始你要询问他们对网络营销的想法或感觉。在讲计划的开始就要强调网络营销的合法性和可信度。

公司的可信度与专业性：你的潜在顾客心中最大的疑问是："你的公司可信与专业吗？"假如你善用图片的力量，只需短短的2至3分钟，便可以建立他们对公司的信任，传递更多的信息。每个优秀的公司都会印制公司图片和资料，在资料中应包含这些原则和经验，包括对公司的使命的描述。

把自己放进图片中：现在，想象你正在翻阅简报手册，其中有一张图片是你站在公司重要人物的身旁并与他们握手，这些重要人物是经常出现在公司的聚会以及教育培训课程中的。你一定要带着相机真正拍下你与这些重要人物的合照，这样的照片将令你的潜在顾客认为你是很认真的——并且受到公司的重视，这是相当具有影响力的。

产品和服务的具体效果：你的简报手册中要强调产品或服务能带来的利益，在讲计划时你必须指出这些好处，并向你的潜在顾客说明这些利益的具体方面，如化妆品不含酒精。假如产品是可以品尝的，就让你的潜在顾客品尝看看。你所提供的任何示范、告知、品尝、触摸、嗅觉等都将产生非常大的正面效果，因此让他们的五官实际地感受并体验。在讲计划的过程中，不要给他们书面资料，让他们把注意力都集中在简报上、产品上。不要提供会让他们分心的东西，稍后再给他们资料。

产品的效果：把重心摆在产品的效果上，你所接触的人当中有95%想知道产品究竟对他们有什么作用，最佳的解说方式就是将产品的效果分享给他们。

奖金计划：接着我们要讨论你的奖金制度。同样，一般人提供了太多的详细的资料，这是不对的。切中要点才是重要的，当你在编辑简报时，只需加入你的奖金计划的主要特色就行了。告诉他们赚钱的方式及来源，并且告诉他们一年、两年或三年后可达到的收入水准。有许多行业的佼佼者，约有50%的人，并不完全了解他们的奖金计划。

重点在于，为你的潜在顾客说明如何成为营销商。告诉他们能够获得的辅助工具，他们在拥有营销权后的利益。记住，人们只想知道：这套奖金计划是否能够实现，而不是如何去实现。因此，在你的简报手册中应加入一些成功营销商的故事。

支援与教育培训：有关你与公司如何为营销网成员提供支援。你会想着要在什么地方举办聚会或教育培训，接下来的行动计划，以及公司所提供的销售辅助材料等。同样的，先停下来，别急着提供所有的细节。

先与他们分享在教育培训上的经验、能传达产品与奖金计划信息的精心设计的资料，告诉他们你所遇到的各类优秀人物，你在其中获得的乐趣。同时告诉他们你学习的速度非常快速，并且获得了许多关心。接着分享你的成功经验。更好的作法是将你的“上级营业代表”与推荐人的图片也放进你的简报中，同样的，把你自己也加入其中，让你的潜在顾客看到这些成功的人是多么地支持与接受你。

大家都希望你成功：假如你韵潜在顾客听你讲解完计划之后，又接到那些在你的简报手册中成功上级的电话，表示欢迎他们加入网络营销并且将提供最大的支援，这样的感觉很棒。在别的行业中，要真正得到成功者的有力支持并不是一件容易的事，因为大家是一种竞争关系。而在网络营销中人们希望你能够成功，特别是你的上级。

步骤四：给他们一个决定权

在进行这个步骤时，你的潜在顾客准备做决定。于是你要向他们提供选择，并且给他们一个决定权，为他们设身处地地思考。“张军，我想你应该了解为什么我对这个公司、这些产品、这个事业商机这么热衷。告诉我，假如你今天就加入，你希望如何开始呢？先开始使用产品、享受其中的利益？或者利用事业商机作为你开创事业的起头？张军，你认为哪一种更吸引你呢？”假如他们一开始便明白自己能够使用产品并体验其中的好处，很好！就协助他们从使用产品开始。

假如他们看清这个商机将有助于他们建立自己的事业，这样最好！找出他们目前经销的产品并且当场就让他们成为零售客户，零售方式在许多方面都是很重要的。首先，零售确定了产品的市场价值，并可作为你的潜在顾客在开拓他们自己事业的一种销售途径。

零售业务及赚取零售利润可以在讲计划时进行，当你的团队的成员都能在讲计划的同时推展零售业务，则他们的简报提案、每月的销售业绩及获得的佣金收入都将越来越多。同时也有助于你的潜在顾客了解如何经由零售业务来立即增加他们的收入。

一个重要的观念：这个观念的重要性可能并不是我用文字就能表达清楚的——不要掉入创造“即时批发客户”的陷阱中。不能打折的产品就一定不能打折，要遵守生意中的游戏规则。能够以批发价购买产品是有实际利益的。假如你允许这样的方式，则你大部分的潜在顾客都会用批发的方式购买产品，如此你的团队中的每个成员便会丧失他们应有的基本利润收入。缺乏强调零售业务的重要性，是许多拥有营销网的营销商未能达到他们最大业绩潜力的原因。

这同时也是造成新营业代表高流失率的主要原因。讲计划并当场推展零售业务是新营业代表的成功关键。向他们解说一旦他们填写了加入的申请书，他们未来就能以批发价格购买产品。如此也能激励你的营销商完成申请的效率。建议你当场就协助他们完成加入程序。

步骤五：“你做了一次正确的决定”

无论你的潜在顾客是否购买你的产品或加入你的商机，使他们做正确的决定是很重要的。你应该反复赞美并肯定他们，这点对他们很重要，完全符合人性，同时也便于维系你、所属公司与他们之间的关系。你应该知道：有人不会做这个生意，或暂时不做这个生意是很正常的。但关键的是应该让他们作出正确的决定，无论做还是不做。

有一种更好的作法是：当对方做了加入网络营销的计划之后，你应该进行跟进。告诉你一个真实的故事。人们做了正确的决定后，也会产生懊恼的心情，这是很正常的，因为他们对这种商业模式不熟悉，需要经过不断的培训来加深理解。如上述这种专业的关心技巧将有助于消除新营业代表心中那种购买后的懊悔感。

每个推销员只有一套说辞：我想给你一大挑战，期待你能成为一个专业的讲计划大师。如果你懂得商业，你就会明白任何一位商业上的成功人士都是推销自己商业计划的大师，他们总是能够有效地将自己的商业计划："卖"给需要的人，让社会认可自己的计划。他们的成功都是一张嘴讲出来的。你应该如何讲计划呢？将你的讲计划过程录下来，反复修改，形成"定本"，因为——

每个推销员只有一套说辞。

将这个成功的一套说辞反复讲就是成功的开始。告诉你的潜在顾客你希望你讲的计划能够完美，假如他们对你有任何的反对意见你都要把这些意见录下来，并寻找相应的答案。录音笔对你而言是很有用的工具，它让你的潜在顾客明白你是很认真的，他们就会采取主动和合作的态度。

一旦你录下了你的讲计划内容要尽量反复地听，或在开车时，找出能够增进你的计划的沟通技巧，或是在某些主题上能有更好的说辞。另一项重点是计算你在讲计划时你的潜在顾客所提出的问题有多少？是些什么问题？不断寻找回答方式，真正用心去研究讲计划需要改进的地方。在你的第一次讲计划后的两星期内持续进行改善工作。然后再录下你第二次讲计划的内容，将两次内容做比较。这样重复练习60至90天。我向你保证，你讲的商业计划将比你第一次讲的好十倍，并且你将逐渐精通阐述商业计划的诀窍。

“你在哪里发财？”

想象一下，你自己在一个社交场合或聚会中，你被介绍给一些你从未见过的人。不可避免地会有人问你，“你在哪里发财？”或“你做什么工作？”你该如何回答？其实，这是你宣传自己或者说是塑造正面形象的最佳机会。

在培训会中我们会让学员练习思考对这个问题的各种不同的答案。有一位来自保险业的非常成功的人LF，他进入一家营养食品网络营销公司工作了几个月，他做得不错，但与他的期望还是有差距。在培训会中，我们问他是靠什么维持生计？他给我两个答案：

“我是多层次营销商”以及“我在某某公司工作，我们销售……产品”这真是最乏味的开场白。因此，我们一起研究如何使用不同的方式来回答这个问题，以下是他改进后的答案：

“我从事与健康和财富相关的事业，你们想先了解哪一方面呢?”

这不是很好吗?两个月后再见到他的时候，他的事业的确正开始起飞!

思考出一些活泼的答案来回答“如何维持生计”的问题并不会花费太多时间，你可以采用真正表现自我个性的答案，而且在这过程中你立即就能体验到自己的信心大增。我向你保证，在这方面下工夫是最具生产力的。

第六步：跟进以及教育培训

跟进是一种观念的追击，让人们转变固有的、落后的财富观念，把贫穷的观念转变为富有的观念是跟进的意义所在。具体来讲，要把事情做成，就必须天天跟进，直到做成为止。

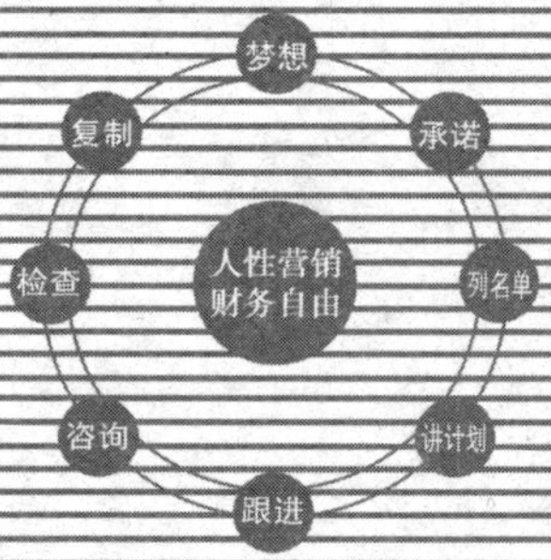

SUCCESS

“持续跟进”是一个重要的商业概念

你能想象成功的篮球或棒球选手在面对“球”的时候会停止不动吗?没有，永远也不会这样。他们充满活力，一直在动!因为只有如此，他们才具有爆发力。如果营销人员不能“持续跟进”他的客户，结果就是客户走了。一个作家要写一本畅销书，最关键的就是“每天跟进”(每天写作)。可见，任何事业都需要“持续跟进”这个概念，商业上尤其如此。

一个商业上成功的人，他们一定是投入了相当多的时间、精力，甚至是金钱，找寻他们的客户。他们需要持续不断地寻找，为客户提供需要的产品或服务。他们明白初期的成功能够帮他们找到更多的潜在顾客。

你的事业为什么会走下坡路呢?原因很多，但缺乏持续的跟进肯定是原因之一。人生就像逆水行舟，我们必须不断前进。如果你停下来，问题马上就来了。

所以，在网络营销中，无论是在新人加入的初期、中期还是后期，你的跟进都是必须的，只是程度和方式有所不同罢了。一旦你的潜在顾客决定加入了这个行业，填写了申请书并开始使用产品——此刻便是你要开始持续跟进的时候，而不是放手的时候。此刻你坐下来“期待成果发生”是一种幻想，你要持续浇水，种子才能发芽，一份丰厚的红利才会有希望得到。

成功的网络营销的基本要素是热情（enthusiasm）——记住后面的4个英文字母：I—A—S—M所代表的“我推销自己”，要推销自己的关键是“持续跟进”。有些小有成就的人对产品和奖金计划充满热情，因此以为其他人也会如此。他们的想法是：“这个产品是如此的美好——它本身就具备销售力。”但是，这是不会发生的，如果没有持续的努力，持续的跟进，什么都不会发生。

成功的公司，真正成功的人

你知道世界500强企业认为什么是最值得投资的吗？时间、金钱还是人才？你认为是什么呢？研究、发展、广告、销售、激励？结果是——

为顾客服务

让顾客满意

这些销售额达到数十亿美元的公司非常明白，他们的产品销售出去后，“为顾客服务”的工作才是真正开始。你看，销售不过就是一次销售而已，能够让你赚些钱，但是，没有一家卓越的公司是单靠销售行为成就的。

现在就开始吧，去“持续创造”并维持一位满意的顾客（指非常认同你并反复购买以及对你的服务感到完全的满意而且热情地推荐你的产品的顾客）——你的这种顾客多了，成功事业才能建立起来。无论是个人还是团队，成功的秘密在于你有没有持续为他们提供服务的顾客，在于他们是否认同你。你创造财富，顾客认同你的财富。

真正成功的公司和个人都是如此！在网络营销中更是如此，因为在网络营销中对你满意的顾客还将成为你的营销商。

跟进系统

最好的生意都有一套简单、高效率的跟进系统，你可以运用这套系统获得必然的成功。你知道成功的公司以及营销商的共同特点吗？特点就是——他们都运用这套跟进系统。这是千真万确的。当然，他们进行的方式各有其差异或特殊之处，但系统的本质却是相同的。

现在你们模拟这套跟进系统，运用想象力在内心模拟它。想象你自己来到一家文具店，挑选一个你喜欢的名片盒，最后你选择一个最适合外出携带的名片盒。

现在，拿一些空白的名片，上面有划线的更好。同时找一些贴有小标签的分隔卡，将名片区分成两组：一组从1至31编号，也就是一个月的天数，另一组则以一年中的12个月来编号。

然后，每当你成功地让顾客开始使用你的产品或服务时，无论他们最终是消费者或是营销商，都将他们的资料填写在名片上。写下他们的姓名、地址、住家、电话号码等，同时也记下他们的特点，诸如他们配偶的姓名、孩子的姓名、特殊兴趣，或某些引起你注意的特殊背景，把这些全部写在他们的名片上。

同时在名片上留一些空间，记录他们对产品及商机的看法，他们最想要或最喜欢的是什么。你所做的记录尽可能简单、扼要和有重点。有了这套系统，你的工作就方便了。这样做不仅是在网络营销事业中，而且在任何地方都是有效的。

人们期待什么？

作为一个营销商，你必须非常清楚当人们开始使用你的产品或服务时会经历些什么。假如你是新手，刚上路，了解这点对你是非常重要。你的推荐人将协助你了解人们真正期待的是什么。

假如你经销的是营养食品，或是一个减重计划，你的顾客大多数都希望能在几天内体验到效果。在此，你的目的便是持续跟进他们，并与他们一起体验，以及感受使用产品后所产生的不同阶段的效果。当你这样做时，你将体会到对方的反应。

首先，你的顾客会因为你关心他们的体验进程而感到高兴。他们将体验到你对他们所说的内容——并且你将在他们的心中留下深刻的印象。

你的潜在顾客事实上会同时产生正面和负面的经验。假如你在一开始就表现出对顾客的关心与感激，你便先实现了他们对正面经验的期望，因此提供了一个好的开始。有时候，人们开始使用改变体质的健康产品时，会先感到不适应，然后才渐渐感受到效果，你要把这点告诉对方，不要等到对方使用后感到这点来询问你。使用很优秀的产品可能也有一个过程，这很正常。

这是常见而且很容易解释的，然而，你的顾客可能会真的感到惊慌或甚至觉得愤怒而停止使用产品，除非你能够协助他们。假如你的跟进电话在适当的时机响起，你便可以向他们解说身体在排除不需要的物质时可能产生的不适，这样，可舒缓他们的心情，并且协助他们了解可能在他们身上发生的状况——你的顾客们也会觉得比较安心。

商机的跟进

现在，以相同的方式应用在事业商机的方面。当你打电话了解到新营业代表进行的如何时，假如他们已经开始，那么，他们正在进行的内容是什么？是否有问题产生？在此你也可以运用名片盒的记录方式。或许你需要再一次对你的新营业代表强调他们的奖金目标，那么就把它记入每个人的名片上，这是很容易做的。如同在讲产品时所强调的，不要太过详述奖金计划的细节，要用故事、个人经验来阐述你的重点。

“你知道吗？当我刚开始时，也有相同的情况发生，我的推荐人告诉了我方法，而且真的很有效。”此时，与其他情况是一样的，不要提供技术性资料——只需分享你的亲身经验。不论是顾客或新营业代表在最初几天都是最容易受挫的。如果没有人与他们接触以及支援他们，他们很快就会放弃。

假如你在此时跟进他们，给予他们支援，并且让他们知道你在一旁支持与关心，则整个情况都会不同。你能体会到跟进电话的强大力量吗？跟进电话间隔最好不超过一个月，否则就太长了。几天就通话就太短了。跟进电话的间隔时间应视你的产品或服务的性质而定，不过，一般跟进电话最佳的间隔时间是3天至一星期。

针对新进的、认真的营销商的跟进电话间隔时间应该是多长呢？建议每天通电话。“钻石们”曾经试过各种不同的间隔时间，他们发现每天的联系是最有效果的而且最具影响力。它让你能培训你的成员，协助他们信守他们的承诺，处理他们尚未形成问题的各种顾虑，同时还能协助他们创造新的商机。让他们知道这是一门很好的生意，这是商机跟进的关键。

辨别你的新营业代表认真程度的最佳方式之一，是要求他们打电话与你联系。事实上，你可能希望与他们达成协议，约定他们每天都打电话给你。

学会讲故事

你如何在适当的时机针对适合的顾客告诉他们适当的故事呢？从你投入这个行业的第一天开始，你便应该建立一个故事收藏盒。你的故事收藏盒是用来收集所有的有关产品或商机的故事。把这个任务变成聚会的一种习惯。以亲切的笑容及友善的握手寒暄来接近人们，先自我介绍，再请教他们并表现出倾听他们的故事的兴趣。询问他们的姓名，他们的职业，是谁向他们推荐产品及商机，他们目前正使用的产品是哪些，他们体验到了什么利益等。每次，你至少可以收集 3 至 6 个新故事。

不要太挑剔你的故事，将所有的故事做成查询索引。你不会相信能够迅速——又毫不费力地收集故事——动听又鼓舞人心的故事，你可能不曾拥有过这么多的故事。

假如你得到了太多的故事，超越你能整理的范围——就把它们寄给你喜欢的人，永远都不要觉得故事太多。请不要成为一位产品专家，也不要成为营销专家。假如你想成为专家，就成为一位讲故事的专家吧。

你知道谁是世界上最成功的网络营销人员吗？他们都是讲故事的专家。谁是最顶尖的销售人员、最棒的老师、最具启发力的领导者呢？也都是讲故事的专家。而且，最令人高兴的是，讲故事是很容易复制的！我们每个人都在倾听，也正在述说着故事。

在 95%的时间里，人们并不在乎“事实”，而少数关心事实的人会直接提出“探寻真相”的问题，当他们提出这样的问题时，就给他们想要的答案。这些人想要知道的就是：利益是什么？产品与商机能为他们带来什么？而什么是最佳的回答方式呢？一个故事。

不要追求成为专家

有许多提供营养产品的网络营销公司，我们发现经常有许多营销商想要成为营养专家。那些是天然产品，是真的。你使用其中的一种产品，使得你的身体状况越来越好，于是，你的好奇心驱使你想要了解更多的东西。

这项产品是如何达到功效？为什么身体上会有如此的反应？我们如何知道我们是真正健康的，或不健康？根据什么判断？我们如何达到这样的状况？这个产品的组成成分是什么？它们有什么作用？它们来自何处？它们如何制造？多少是服用过量？什么是“有作用的”成分？有类似的产品吗？有哪些科学研究发现支持这项产品？这项产品通过哪些研究机构的测试？

你知道，营养科学是属于科学研究的新兴领域。回过头想一想，你第一次听到控制矿物质、纤维素和胆固醇是多久以前？5 年前还是 10 年前？我想没有那么久吧！事实是，营养专家、营养学博士，他们毕生致力于饮食与健康的研究，几乎每天都有新的发现和信息，但这些新的发现却经常证实“过去关于营养的事实与论点的正确性”是很难被证实的。

因此，现阶段的营养知识都只是一种论点，而且每个人都有自己不同的论点。当你与潜在顾客讨论营养问题时，你可以敞开心胸接受“可能的争论”，而不仅是“传递热情”。我们在获得更多有关营养的知识时，面临着很大的挑战。

“一旦我们的耳朵与眼睛能够信服，我们的嘴巴便能发扬光大”，当我们有越多的“所谓的事实”时，我们便谈论越多的“所谓的事实”。但这并非是人们所感兴趣的，或想要尝试的，任何产品都是如此，特别是营养产品。当你拥有一堆事实的时候，你会发现与你观点相反的人有更多的事实。假如你设法以“事实”为基础来建立你的产品或商机，迟早你会面临拥有更多事实的人。

不论如何，教育你自己，你自然会扩大你在营养与健康上的知识，你只需让这自然成长。如此，你的热情不会被太多的事实与数字影响。营销活动是由产品特性及利益所组成的，产品特性是支持利益的，人们不是要购买产品特性，而是购买其利益，人们只想知道产品对他们有什么作用。此外，哪一样比较容易分享给他人？产品特性或产品效果这两者中哪一样比较容易复制？当然是产品的效果容易复制。

所以不要追求成为专家，而要追求成为营销商。“说一个故事”，这也是成功的网络营销人员所谓的“你说的故事越多——你销售的就越多”。

伟人拥有伟大的信念

成功者都有一种成功的信念，然后他们取得了成功。他们的信念系统告知他们将会获得成功，他们对成功深信不疑。信念系统有支持性与影响力。

相反地，“期待类型”的人所具备的信念系统却毫无功效，它限制了未来的各种可能性。他们只能期待某一天会有奇迹出现。他们并非真正相信自己有机会——而且事实上，他们并没有具备这样的信念系统。

这里需要说明的是要造就和改变信念系统是需要付出巨大的代价的。

网络营销使人们开创出自己的事业，而且风险很低，甚至完全没有风险。同时，它创造了所有的可能性——不论是真实的还是想象的——于是，吸引了许多期待类型的人。这类型的人经常从一个事业商机跳到另一个事业商机，希望下一个事业商机能奇迹般地降临在他们身上。他们一直认为假如他们能够找到“完美的产品”，或是在“适当的时机”“抢先投入”，便能获得成功。当然，满怀热情希望地将自己与所信任的产品与公司结合在一起是重要的！但成功并非来自外在的因素，而是来自内在的力量，伟人来自于他的信念。

转变信念才是关键

建立网络营销事业，你所面临的最大挑战是什么？大部分的人认为最大的挑战在于学习如何营销产品以及培训他人，还必须精通创业的各项原则，向你的成员示范如何复制你的经验，或者也有人认为最大的挑战在于如何成为最伟大的销售人员或精力旺盛的商业领袖。

然而，最大挑战并非上述的任何一项。在建立网络营销事业时，你所面对的最大挑战是不断地以新的角度来转变信念、转变信念体系或系统，提升你自己以及组织成员的自信心，并且这必须从你自己开始做起。

最初开始这个事业，你的目标必须是成为一个有影响力的激励者。成了，还不够，因为激励只是暂时性的，是一种外在的刺激因素。接着，你要用灵感启发他们，用智慧启动他们的悟性。当你启发人们时，你开启了他们内在的一盏明灯，你帮助他们看到其真正的潜能。这样，他们开始拥有了发自内心的自信，本有的智慧被启发出来。

外在激励能鼓舞人们，但并不持久——因为它无法完全与人们固有的信念系统相一致。只有当你能改变人们的信念系统时，人们才能真正、持久地做这个生意。你可以通过成功的故事来激励人们，并让他们真正燃起奋斗的念头，但假如他们的信念认为自己不会成功，或者认为自己不具备成功的条件时，一切都只有开始，没有结果，所以“好像能够成功的一切”便行不通。你提供激励的信息很好，但它只是一种告知的形式，是人们的“身外之物”，是从外而内的，而不是“从内而外”。要知道，“从心而动”才是成功的原动力。你如果给对方灵感，让他们自己感到要做，则是真正的精神鼓舞，它源自于人们的内心。

给别人一条鱼与教育别人如何钓鱼之间有很大的差别。当你启发人们改变了信念系统，并且帮助他们改变了世界观和人生观，而且变得更好，你就是伟大的。网络营销真正的基础，便是建立更好、更成功的信念系统。

需要一再强调的重点

反复强调就好比滴水穿石。本书中将一再地强调一些重点，不厌其烦地重复这些重点，原因很简单，就是因为这些重点非常重要。反复强调在所有的教育培训课程中都是重要的。不要害怕一而再、再而三反复强调基本要点，因为这是促使你的成员吸收消化的最佳方法。

这是一个复制的生意，如果你不懂得这个道理，就很难成功。譬如说成功的信念、正确的财商教育等，以下是我们在整本书中再次强调的重点：

教育培训中最常犯的错误：大部分的人在参加网络营销培训时所犯的最大错误是：主持培训的人通常是经验丰富、最成功的营销商。所以他们“很经验主义”，这不是正确的企业文化。正确的做法是将“为什么做和怎么做”结合起来，请成功人士和文化人士交叉培训。

那些经验丰富的营销商投入这个生意至少有6个月到一年的时间。在这期间，他们已经获得了许多有关产品、公司、营销计划以及整个事业商机的知识，并且明白了建立成功的网络营销事业的所有原则。你希望那些新营销商在短短的几个小时内立即赶上“老手”的脚步，真是疯狂！此时，如果新营销商对于各种可能性感到兴奋不已，我们必须阻止他们的这种兴奋，因为他们无法理解我们告知的内容，他们都是自以为理解了。由于我们把太多信息一次就塞进他们的脑中，即使是最聪明的或是意愿很高的人也会感到困惑不已，或者先兴奋后困惑。你是否在向某人说明奖金制度时，能让他在第一次就完全明白？不会的，他只会感到相当困惑。当人们感到困惑时，很自然的反应就是认为，“我无法做这些事，或许这真的不适合我。”

人们退出这个生意的根本原因：你回想那些当初兴奋的新成员，你原来认为他们对于事业商机已经认同了。然而，你突然发现，当他们学习到更多知识后，再也没有他们的消息了，或者，你会听到他们的许多“无法进行下去”的借口。想想看，是否因为在他们还不明白为什么要做这个生意之前，就听了太多关于如何做的事情？或者在他们被教育使用正确的工具、系统与方法之前，他们还没有找到充足的理由将他们的人生目的与这个事业联系起来。

现在，假如他们相当清楚为什么这个商机对他们的未来是如此重要——他们的信念系统已相当稳固，足以消除初期的怀疑、恐惧和挫折。但这个商机的重要性仍然不能与这个参加者的内在价值观和信念系统相比。有相当多的人退出这个生意是因为——

他们的内在价值观和信念系统与他们对这个生意的理解有相当大的偏差，而且这种偏差没有及时地通过相关培训加以矫正。

培训应该循序渐进：教育培训应该分阶段来进行，新加入这个行业的成员应该先接受简短的新营业代表培训课程，在这课程中，他们首先必须“被教育”！新营业代表培训课程的目标是先要达到一些“特定的课程”，而不是一次提供给新成员“满满的一座信息山”，因为，这时的大部分的信息对他们而言是完全不必要的。

这是一个热情的行业：无论你的产品、服务或所属公司是什么，所有的网络营销人员都是投身于一个充满热情的行业中。在这个行业中最成功的人是能够毫不费力地将自己的热情分享给他人的人。热情是一种很神奇的东西，它确实具有神奇的能量。热情并非来自外在，而是源自于你的内在。有趣的是，英文单词 Enthusiasm（热情）是由两个希腊字所组成：Enthos 是“内在”的意思，而 Theos 则代表着“神”或“精神”。因此，热情真正的意义是“内在的神或精神”。

热情来自何处？任何事业的成功都是我们热情的产物。这就是为什么本书在一开始就介绍网络营销是一种天赋的力量、是奇妙的，具有相当大的影响力。当你明白并爱上这个行业时，你认为你还会转变对它的热情吗？你心里非常清楚！

这也是为什么在最前面我要讲到你的人生目的和具体目标。当人们之间的关系是与他们的人生目的紧密地结合在一起，而且他们明白网络营销是让他们体验和实现他们人生目的之最佳工具时——热情便自然而然地涌向他们。

这也是为什么要将这个事业与人生目的结合的原因，这对你才有如此大的影响力。当我们拥有了高涨的热情时，成功就仿佛在眼前——只要我们拥有这股热情，我们都会变得欲罢不能！我们建议你，在你的新营业代表接受培训之前，先让他们读《成功八步》的梦想和承诺部分。唯有如此，你才能去除他们信念系统中的障碍。

他们一定要知道为什么要投入这行业？为什么能获得成功？你无需教育他们如何启发自己的热情，你的工作仅是将他们已存有的热情和能量引到正确的方向。

人生就是推销自己

热情的英文单词是 Enthusiasm，这个词的关键在于后面的四个字母，I A S M 所代表的意义是“我推销自己”（I Am Sold Myself）。除了推销自己以及推销这个行业外，你还可以协助你的新营业代表“推销”行业内的两个基本要素：

第一个是产品
第二个是商机

在你的新营业代表教育培训课程中，应该包含基本的产品知识和基本的行业知识，但是，你必须使这些课程的内容非常通俗易懂。要让新营业代表知道推销自己的重要性。推销自己比推销产品和商机还要重要。人生就是推销自己，让自己的价值得到提升。不然不会有人愿意与你合作。

新营业代表的培训问题

新营销商应该接受培训课程。他们一开始接触专业知识不能太复杂。他们学习这些东西应在适当的时机。新营业代表的培训课程应该由一位“新进不久”并且有成功经验的营销商来负责。

因为网络营销是由“复制”来推动的。一位新营业代表要复制已经从事这个行业多年且月收入为五万人民币的、经验丰富的专家是很困难的。大部分新营销商看到这位专家就会心情“很沉重”！因为，这时他们无法想象自己能获得同样的成功。

你必须使你的培训师是真正能让任何人复制的典范，而且这个培训师仅负责培训这个行业中的两个基本要素：第一是基本的产品知识，第二是基本的行业知识。经验太丰富的营销商不适合担任这种培训人员，虽然他们是营销团队中最宝贵的资源。由于有丰富的“过去的经历”，所以他们是最佳的教练，最适合负责更高层次的领导技巧培训课程，因为他们本身就是领袖人物。

初期应该由“新进不久”的成员来进行新营业代表的教育培训。这样做主要是基于两个原因：第一，他们可以被模仿、复制。第二，可以使新进不久的培训师尽快转换角色，从被培训的人到教育别人的老师。因为通过教育他人，才能成为网络营销高手。这样对双方都有好处。你与你的成员越快开始培训他人——你们就能更快地精通这个行业。不要认为需要花好几个月的时间才能培训出好的培训人员。

边学边用边赚钱

网络营销是可以边学、边用、边赚钱的一种系统，不像其他专业知识必须付费接受多年的教育。所以，在这里学习真正的财商，成本是比较低的。它是一种相当具有革命性的方法：通过将你所学的教育他人，你能够迅速成长，成为商业上的行家。网络营销是边实践边学习商业的好课堂。

今天，我们把大部分的重心摆在教育孩子上面。作为父母，我认为最重要的工作是帮助孩子学会分辨是非，以获得正确的价值观以及发展坚强的个性。但是，在亲子关系中，真正学到最多的是孩子、还是父母？很明显地，在教育的过程中，其实父母学习的最多。

学到的“教育别人”的能力是具有影响力的，当你在学习时，要敞开心胸接受各种可能性。你自己去寻找更新、更好的方法来理解并实践，中国的禅宗称此种情况为“初学者心态”。新营业代表教育培训课程是非常容易复制的，你可以在精通这些原则后，与他人分享。

关于人生目的和热情两方面，你已经领悟到了什么？当你再次阅读前面的内容，开始在你的生活及事业上应用这些原则，你能告诉人们如何重新设定人生目的吗？你能教育人们如何使用热情助燃物吗？如何创作梦想拼图？为什么教育、知识、具备不动摇的信念是重要的？

无数的人已经知道了这种独特教育培训系统的神奇力量，而这种神奇的力量就是启发你的学习能力以及分享你所学的能力。网络营销并非在追求完美，而是要踏上精通网络营销的路途，你已经在这旅程中行走了。

营业代表培训的基本要素

教育培训需要反复强调的内容：

产品：热爱你的产品或服务，成为精通产品效果的专家。你解答一切问题，了解谁是你的最佳顾客，学习如何很自然而有效率地与人分享你的热情，让大多数人都无法抗拒！

开发潜在的客源：跳出“说服式行业”的模式，进入“物以类聚”的行业模式。运用智慧而不只是努力工作，设定客源的优先顺序，让全世界的人都成为你的顾客。有效运用电话。

讲计划：确保它是简单、容易、可复制的。重点不在于你说了多少内容，而在于你是用什么方式说的。计划手册可促使你的潜在顾客正确决策。

反对意见：90%的反对意见是常见的、反复的。当你学习回答这些问题时，你会发现这些问题反而变成了隐藏的机会。学习如何倾听并回应你潜在顾客的根本问题，如何将绊脚石转变成踏脚石。

持续跟进：为新顾客服务并让他们满意。建立你的“名片盒中的事业”，你便能很轻松地组织你的顾客资料。

你如何变成一个讲故事的大师，创造伟大的成果。

商机示范观摩会：商机示范观摩会必须是新鲜、有趣、有效、具有鼓舞性，而且简单、能复制——并因此创造你的营销团队。

新营业代表教育培训：培训他们做好面对真实世界的准备，结合了所有教育培训的要素。你将一个步骤接着一个步骤地学习整个教育培训系统，你的事业将会到达动力充足的状态。

复制：你的“幼鹰”准备要飞上蓝天翱翔！包括从他们出生后最初的两天、两个星期到两个月要做什么你都要有所规划。当你掌握这些原则并付诸行动，你的成功及财务自由即将到来！你现在手中握有的是这个事业的成功钥匙。

这个生意有三驾马车

我们讨论目标、人生目的、信念系统、开发客源、讲计划、反对意见、持续跟进、商机示范观摩会——都是具有影响力的教育培训的各个层面，目的都在增强你的网络营销事业。你要将这些要素与诀窍结合在一起，协助你团队的每一位成员都能获得成功。

请深信教育培训能确保你在这个行业成功，这也是经过事实证明的，成功是真实的、持续的，去赢得你的财务自由吧！

这个生意有三架马车：产品、制度和教育培训。缺一不可！

教育培训就像一个企业的文化，与一个国家的文化的作用是一样的。这是一种消费商的企业文化。什么能确保精彩、有效的教育培训呢？答案是舞蹈。无论你跳什么舞，关键就在排练预演。通过准备后，将培训内容演示给新营业代表。排练预演就是如何将每个步骤或动作与音乐产生互动，将各部分串连在一起。

当你适当地排练预演了培训课程，你的新营业代表便自然能按部就班地顺利进行。如此不但不会有任何冷场或生涩的情况，而且会产生不断迈向成功的驱动力，因为每一步骤的完成又能引导出下一步骤。

你从建立他们的目标以及人生目的开始，使他们焕发出热情的火焰及活力，接着带领他们练习具体内容，包括开发潜在的客源、讲计划、应对反对意见、持续跟进、商机示范观摩会以及培训他们自己的新营业代表。

这些步骤一个紧接着一个，而且每一步骤都是在“交接力棒”。你的新营业代表完成了他们自己的潜在顾客名单，讲计划、持续跟进他们的成员，带着他们的来宾参加商机示范观摩会，并且开始培训他们自己的新营业代表。他们学会了如何通过努力成为成功的营销商，达到人生的目的。

总之，要用行动带动行动，别用语言带动行为。

这种“起而行”的作法远比花好几个小时“清谈”的影响力大。至此，你已经让你的新营业代表体验了他们排练预演的“舞蹈”，他们也准备好去培训他们自己的新营业代表。这就是这个方法的特色，你不只是教育人们如何经营事业，还教育他们如何培训他人经营事业。

所谓演示就是演出和示范。让新营业代表学会这种演出和示范是成功复制的关键。良好的教育培训的排练预演必须考虑时间安排的因素。记住，商机示范观摩会安排的时间通常在星期二、三、四的晚上，否则星期六早上便是最佳时间。

不断地培训出新的培训讲师是推动这个生意向前发展的关键，当你的团队是以培养“培训讲师”为基础时，它将会呈现爆炸性的快速成长。由新营业代表来培训新营业代表，优秀的培训讲师来培训一般的讲师，而培训讲师的总教练则提升为领导者的地位——这是深具影响力的“接力棒运动”。

准备资料与角色扮演

教育培训资料及联系表：你要准备预先包装好的资料给每一个人，包括相关信息文件及练习表。假如你给他们的资料是希望他们在上面做笔记的，建议你将这些笔记整理成纲，影印给他们。你无法预期每个人在一次的教育培训会议中都能专心听讲、吸收精华，练习并参加其中的过程。假如你提供他们一份纲要，他们便能专注，而不是因为要做笔记而分心。

让新人参加培训：教育培训应该能够“接力棒传递”，很显然地，你通常会“告知”人们许多的信息，在此的重点是你必须同时兼顾“现场示范”。最好的方式便是直接参加他们的过程。这就是为什么在所有的教育培训课程中都会使用“脑力激荡以及角色扮演”的做法。当学员在我们的培训会结束后、要求他们填写培训量化表时——大部分人会如此回答下面的问题：“你最喜欢的是培训会的哪一部分？”有80%以上的人回答：“角色扮演”。

举例来说，当讨论到反对意见及人们最常提出关于产品或商机的问题时，就利用角色扮演的方式来练习。而不是告诉他们产品的利益是什么，让你的新营业代表自己去发觉其中的利益。从下面三项因素来看，这是相当有效的学习方式。

1. 他们将亲自付诸行动，实际领悟到其中的道理。

2. 他们将以小组方式共同工作。脑力激荡及角色扮演是积极主动的，这两种方法让新营业代表了解他们必须互信互赖、相互支援。

3. 记忆力将会增强十倍。假如是由你交给他们一张名单，他们便必须努力记忆。假如是他们自己完成的名单，他们便很容易就熟记这些名字。

教育培训的三个阶段

新营业代表的教育培训分成三阶段：首先，说明信念系统，接着是产品，然后是这个事业或商机。

第一阶段：信念系统：契诃夫说过："人的一切来自于自身的信念。"你能成就的一切就是你在内心深处相信自己能够做到的。你的新营业代表必须相信他们能从这个行业获得成功。在潜在顾客做出正面的决定之前必须先解答他们的五个问题。

1. 这个行业容易经营吗？
2. 我对于这一行有兴趣吗？
3. 我能够从中赚钱吗？
4. 他们会协助我吗？
5. 此时是我投入的最佳时刻吗？

在你的新营业代表教育培训课程的第一阶段应先强调这五点。无论什么时候，尽可能利用成功的故事和例证。分享你自己的故事并将重点集中在上述五个问题上，同时也安排几位"经验丰富"的营销商分享他们的成功故事和对这个事业的热情。假如有人愿意的话，请他们展示他们的梦想拼图，以便让其他人了解其中的影响力、前瞻性。

第二阶段：产品或服务知识：简单地说，"你必须成为自己的最佳顾客"。产品或服务效果应该是你的随身资料。让你的新营业代表努力将所有的效果都呈现出来。

第三阶段：行业知识：首先是开发客源。准备一些潜在顾客练习表放入新营业代表的随身工具手册中。培训他们如何填写潜在顾客名单及他们的电话号码。当你在安排教育培训课程时，要求每位新营业代表携带他们的个人通讯簿以及名片夹。鼓励他们尽量让潜在顾客的名单越长越好。教育他们如何将名单依优先顺序归类成三个群。

第一优先群：广受欢迎者
第二优先群：积极进取者
第三优先群：事业有成者

电话安排会面。教育他们如何利用电话来安排与潜在顾客的会面。记住五个重点：

1.“现在是合宜的时机?”
2. 传递热情
3. 赞美你的顾客
4. 提供对方拒绝的空间
5. 结束你的话题

你必须明白自己在他们的区域中是如何开发潜在顾客的，提醒他们利用公司的许多具体的优势，如退货保证和电子商务等。讲计划——先给他们看一些营销商使用的商业计划手册，教育他们如何运用简报、手册来循序讲计划。

处理反对意见。这是属于情感“充电”的一项主题。因此，开始先让他们明白反对意见是“隐藏的机会”。告诉他们如何运用六个步骤的程序将绊脚石转变成踏脚石：

1. 仔细倾听
2. 找出根本的问题
3. 同意并感激所提出的反对意见
4. 运用感受、感觉和发现三步
5. 取得认同
6. 为他们提供一个决定权

这六个步骤形成了一套卓有成效又具影响力的系统而能增进你与潜在顾客间的关系，并且让他们能做成最佳的决定。使用反对意见练习表，举行另一场脑力激荡会议，列出反对意见练习表的例子。持续跟进——教育他们如何利用名片盒档案系统，展示你的名片盒给他们看，并且告之他们这套系统的整个程序与作法。

抓紧训练营业代表

抓紧培训新营业代表：抓紧培训新营业代表是一种非常有效的方法，包括两方面的内容，让他们迅速经历商业机会观摩会是一个关键，应该尽多和尽早地让他们参加，以便树立他们对从事这个行业的信心。让每位新营业代表有一份商机示范观摩会的流程时间表，以便他们可以向他们的"热门顾客"描绘伟大的远景，并让他们登记加入这个行业。

在商机示范观摩会后紧接着进行一场个别或小组形态的新营业代表教育培训课程是很有效的，因为每位营销商都可以再次练习整个过程。商机示范观摩会后紧接着新营业代表教育培训的这种方式，必定能够让你迅速建立一个坚强的团队，你可以亲自体验这种方式无比的威力！

分享成功的故事：新营业代表教育培训是说明商机示范观摩会的目的以及让新营业代表参加的最佳机会。让营销商在下一次的商机示范观摩会中贡献出力，人人皆能分享他们自己的故事，这也是商机示范观摩会中最精彩的部分。你可以培训他们如何在他们的故事中回答来宾心目中的五个关键问题。以下再次提出这五个关键问题：

1. 这个行业容易经营吗？
2. 我对于这一行有兴趣吗？
3. 我能够从中赚钱吗？
4. 他们会协助我吗？
5. 此时是我投入的最佳时刻吗？

当你的新营业代表能分享他们的故事并回答上述五个问题时，你的商机示范观摩会将成为一个充满活力的能源中心。事实上，你只需两个半小时的时间就能以轻松容易又有效率的方式进行所有内容的教育培训。这是千真万确的！你只要能够管控整个过程，不要被任何分心的事物打岔，相信你一定能办到的。

每一个人都是最佳人选：谁是新营业代表教育培训的最佳人选？每一个人！事实上，每一个人都应该是最佳人选。记住，网络营销比其他行业提供给个人及专业度更大的自由空间。我们是真正从事“自由职业”的人。摆在我们眼前的独特商机是自由的，但随后而来的便是责任义务，责任义务的核心便是推荐。

每位推荐人都是讲师也是教练，并且都能提供良好的教育培训课程。这是很容易也是很有趣的，当你进行越多场的教育培训课程，你就越能明白这个意思。

第七步：对上咨询，对下检查

在创造财富的系统里，你必须学会两个制胜的秘密：一是向已经成功的人学习，二是教育那些向你学习的人。

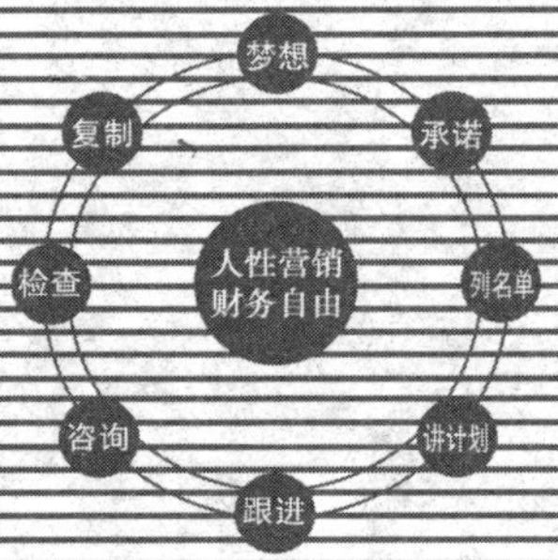

SUCCESS

归零的心态

你成功的上级营业代表或你的团队中的“领导人”之所以是你的引路人，并不是因为他的行政职务比你大，或学历比你高。而是因为他们加入网络营销比你早，挣的钱比你多，对这个生意的理解比你深。他们知道这个生意中你还没有体会到的酸甜苦辣，知道怎样应对人们的反面意见，知道怎样维持和发展网络。

这些已经足以让你虚心了。耶稣说：“虚心的人有福了，因为天国是他们的。”这句话有相当的深意。记住它！况且，你团队中的领导人与你在经济利益上有一致性，他们会像帮助自己一样帮助你，关键是你必须愿意接受他们的帮助。许多人不知道这个接受中最重要的是从“心理上”接受。

要有“归零的心态”

对你的上级虚心是成功的秘密

无论你过去是做什么的，有什么辉煌的业绩，请把自己看成是小学生，向那些在这个行业做得比你优秀的人学习。这点很难，需要智慧才能做到。

我们见到，在这个世界上，许多人在许多方面是无知的，可是他们就是不承认。有些人明明是商业上的侏儒，却不愿意花时间学习，也听不进去别人的意见。这种心理固执，缺乏商业上的智慧。如果肯在财商学习上下工夫，就能改变，否则是很难成功的。你的团队中的成功人士，他们可以帮助你，也能帮助别人，但他们一定会帮助那个对整个系统建设有促进的人、对事业理解深刻的人、刻苦努力的人、具有开放心态的人。

反对意见是一种商机

现在，我们开始进入了咨询和检查的内容中。首先最重要的是应对反对意见。因为这个生意涉及人性的方方面面，应对反对意见是贯穿在咨询和检查的整个过程中的。网络营销与传统商业本质是相同的，都是以销售获利为前提。但其商业模式是具有创新的优势，与传统方式不同，所以遇到许多反对意见非常正常。同理，任何商业计划的展示都会遇到反对意见，而且成功的人都是应对反对意见的高手。

相反，当你遇到“反对意见”时，正是“隐藏的商机”出现的时候，它们为你提供了澄清错误观念、消除抗拒和减少怀疑的绝佳机会。这些反对意见真正开启了你与你的潜在顾客间的关系，并可以产生正面的结果。如果没有一位潜在顾客提出反对意见，也不感兴趣，那就糟了。相反，对方提出反对意见，其实是说：“你告诉我为什么要做这个生意？”这不正是你希望告诉对方的事情吗？你准备好了吗？让我们开始吧！

关于反对意见，你必须明白的一点是——它们会在任何时刻出现，可能是在讲计划的开始、过程中，甚至是在结束之后；也可能是在你约定会面时、实际会面时，或后续跟进的过程——任何地点及任何时间都有可能。

人性就是如此，人是软弱的、懒惰的。关键是你要识别反对意见的秘密是什么。有些人反对，是因为他们并不想那么辛苦，他们不想干活。另一些人则是想弄懂真相，他们是因为“想了解”才这样问的，这种人愿意干！这正是你的机会。

团队的力量

处理反对意见的关键是不打无准备之仗。在对你的新营业代表做工作之前，一定要进行应对反对意见的培训。你可以读读《谈话显信心》，这本书非常好。也可以读读《如果对方说不，你就说下一个》、《拥抱拒绝》这几本书。

新营业代表在面临反对意见时也常常会不知所措，难以承受挫折。这就是为什么在他们“单飞”之前，你必须为他们提供足够的指导与培训，这也是你作为“推荐人”的责任和义务。

最初你必须协助新营业代表讲计划，或者甚至由你的上级或团队中有经验的营业代表帮助新营业代表讲计划。让他们一起参加几场，体验一下临场感，熟悉一下相关内容。这是一个渐进的过程。因为上级营业代表完全知道怎样应对这个生意中的反对意见。

让你的新营业代表向他们的潜在顾客说明他们刚开创这个事业，而你是他们的推荐人，是负责培训和支援他们的，并可以协助回答任何的问题。这种“团队”的做法是培训新人的一种很棒的方法，并且能确保新营业代表达到最初的业务能力。

这也反映了这个生意的实质内容，因为这个生意的本质是通过一个“消费商团队”参与社会财富的分配。也只有在这个生意中，人们之间才愿意如此帮助别人。你的领导可能是一位亿万富翁但他仍然愿意帮助你成功，这符合人性，因为你的成功、业绩与他们有关系，这在任何行业都是不可能的。传达你的坦白与诚实，可以增进潜在顾客接受你的态度。他知道在这个生意中有团队支持他们。

反对意见是商机

还是那句话——对方如果提出反对意见，这说明对方有兴趣，说明隐藏着商机。如果真的不感兴趣的人，反而没有任何反对意见，不过，他就是不会参加。对一位新营业代表而言，反对意见是一种绊脚石，而对于一位经验丰富的网络营销人员，反对意见则成了踏脚石。并非是因为克服了挑战使自己变得更有能力，而是反对意见中所存在的种种可能性。几乎所有的反对意见都是可以被理解的——而且是你传递热情、传达信息的好机会。

建议你们将反对意见当成是对方掩饰自身问题的一种方式。这就是为什么我们不教人们“如何处理”或“克服”反对意见，而只是告诉人们如何回应或应对。当你面临“反对意见”时，表示你的潜在顾客还没有充分的信息和根据去做出明智的决策。这时你可以通过讲解，让他们了解这个生意的秘密，进而“替”他们做决策。

反对意见其实是一种机会，是对方的一种正常反应。

有时，对方提出反对意见是用来减缓决策过程，也许他们正在思考你讲的“是什么意思”。再者，反对意见可能源自一个或数个无法回答的问题，也可能是对方隐藏着的一个问题。在这种情况下，你的任务便是协助你的潜在顾客发现他们真正的问题所在，然后为他们解答。甚至有些反对意见超过了生意本身的范围，涉及人性的方方面面，所以网络营销往往涉及更多的人性，正是因为这点，所以很多人会“反对”。

应对反对意见的六个步骤

任何商业人士都可以利用这六个步骤去成功，它适用任何行业、任何情况。这套成功系统的核心在于它的整体效果。你可以利用它来发现反对意见的根本问题——把问题明朗化而不需刻意“改变”任何人的情绪——并且用一种你的潜在顾客所能理解且让他们觉得有安全感的方式，真诚地回答问题。

运用这套程序，你便可以在每次讲计划中轻易地让你的潜在顾客开始使用产品或服务，或是加入这个事业商机。以下就是这六个步骤。记住，反对意见仅是掩饰问题的一种方式。

步骤一：仔细倾听，仿佛对方讲得太好了。竖起你的耳朵并仔细倾听你的潜在顾客所提出的问题。闭上你的嘴巴，不要打断你的潜在顾客，不要让他们知道你知道他们将要说什么。即使你真的知道他们说什么，也装着不知道。

你是否曾经在与他人交谈时，还没有说完就被对方打断？或者他们告诉你他们知道你的问题是什么？面临这样的状况你感觉如何？即使他们“猜对了”，你也会觉得自己的权利被“剥夺”。打断别人是非常没有礼貌的。

步骤二：扮演侦探。这个步骤是你必须看透你的潜在顾客的反对意见中所隐含的真正的问题（含义）是什么。这非常关键。

举例来说，假如你的潜在顾客说：“喔，这些内容与我在老鼠会组织中听到的是一样的。”这是相当常见的反对意见。然而其中真正的问题是什么呢？此时，大多数的人都会对这个问题采取防卫的态度，并且立即为这个行业辩护。然而，你要知道，他们提出这样的问题不过是想知道这个行业的合法性罢了。

步骤三：先感谢，后请教。先同意并感激对方提出的反对意见，然后在必要时要求对方进一步解析反对意见代表的含义。以下是进行的方式。

比如“张军，我非常感激你刚才提出的问题，你很真实。”注意在此的重点是，你不要使用“但是”等的语气以及防卫的态度。你只是感谢对方说的内容，并停顿一阵。然后发招，“张军，我还是不很清楚你刚才的意思，你是否能用另一种方式为我解说一下呢？”或者是“张军，关于这点，我还是不太明白，能否再说说？”

这样做会使你的潜在顾客感觉轻松自在，而你们的谈话便成为一种针对问题的探讨，于是你们可以分享彼此的意见，并找出真相和最佳的解决方法。这与“克服反对意见”、“说服对方”有很大不同。

步骤四：用故事回应对方。用讲故事的方式来回应对方的反对意见。你要学会避免以理论或理性的方式来回应对方的疑问。不论你使用的理论有多好，不论你的看法是如何正确，你只是驳倒了他们所说的意见。但是，当你如此做时，你同时也打击了他们的信心，这与你的初衷相差太远。然而，当你讲故事的时候，一切都是感性的，对方不会感到有任何威胁。其实，这个行业中的反对意见很多是大同小异。当你明白了大多数的“反对意见”是“掩饰性”的问题时，这些反对意见就变成了一种隐藏的商机。我们将会用一张“反对意见练习表”来教你如何回应。

比如“张军，我了解你刚才的感受。时间真的是很宝贵的，从前我也感觉时间对我从事这个行业是个问题。然而我很惊讶地发现，从事这个行业是很有弹性的，一开始，我就可以选择投入时间的多少。几个月后，你知道发生了什么事吗？我乐在其中，并获得许多的帮助，而且我觉得越来越成功。因此，我开始投入更多的时间。由于我目前的成功，我可以是在家工作，反而有更多的时间与孩子相处，每周可以打两次高尔夫球……”

此外，你千万不要说谎。因为说了谎终究会被揭穿的。世界上最困难的事就是必须设法想起你曾经向哪些人说了哪些谎话。事情的真相——虽然很多时候不如谎言动人——却仍然是最具说服力的、非常有效的。

步骤五：赢得认同。通过上面步骤的处理，关键在于赢得对方的认同。这就好像你置身于国外旅行社安排旅行一样，你首先要确认对方是否听懂了你的“想法”。“张军，我这样说，你觉得合理吗？”或“如果你这么做，你明白将会发生什么事情吗？”或“这样做是否可以解决了你的顾虑呢？张军。”不要做任何假定。你要尽最大的努力取得他们的认同，然后才能“轻而易举”。

步骤六：让他们来做决定。对方认同你以后，你就可以开始这一步了。假如你已经发现了对方所有的隐藏性问题，并给予解决，就可以进行这一步。假如你尚未完成，请与他们继续探讨，看是否仍有疑问或存在着“反对意见”，假如有的话，回到步骤一，并按部就班一次处理一个反对意见。反复进行整个程序，直到确定到达了决策的时刻。当决策时刻来临，你要为他们提供决定权——让他们自己做决定。

当你的潜在顾客认同你的回应时（步骤五），很自然，便到了决策的时刻。你只需简单地问他们一个问题（步骤六）便结束了你的所有程序。例如：假如我与张军谈论着对方对时间的顾虑，我们经过了感受、感觉、发现三阶段的探讨后，最后他认同我的看法是合理时，这时，我会对他说："真是太好了，张军，有好几种方式可以开始你的事业。你可以先用些产品，试用几星期并亲自体验一下。这样感觉就深刻了，如果不满意还可以退货。"

"现在，更关键的是，假如你认为这对你而言是个令人兴奋的事业机会，我们现在就可以来填写你的申请书。我会协助你开始——并且请记住，一旦公司登记了你的申请书，你便可以开始直接订购产品，获得经销商折扣。张军，你觉得哪一种方式更适合你呢？"

很重要的是，当你想要你的潜在顾客完成他们的决策时——不论是购买产品，或是直接成为营销商，或是与你一起参加会议——你都应该让他们从两个或多个选择中做选择。公式是：你作决策，他们做决定。

为你的顾客提供决定权

我希望你真正很清楚这个观念，为你的潜在顾客提供一次做决定的机会，这是对他的一种服务，这是一种礼物。决策过程包括你讲计划的所有步骤：提出问题、分享信息与故事、讨论利益、强调特色等。最后的步骤是让他们做决定，而且是在他们必须要做决定的时刻。

对某些人而言，做决定是很困难的，假如你不提供给他们决定权，他们会把这突然决定看成是人生的抉择，必须花很多时间而且非常复杂。

但决定权其实是简单的，它是在两者中选择一项。在询问他们的决定时，你必须协助他们集中在几项选择上，并且鼓励他们在两项正面的选择中做一决定。假如你自始至终都得到他们的认同，那么决策便是在——

使用产品或成为营销商两者中选择一种，或者是两者皆选。

因此当你到达最后的步骤并提供决定权时，并非让他们选择是或否，因为答案均为：是！你只是让你的潜在顾客作出选择罢了。

遇见“说不”很正常

你应该很清楚，在网络营销中，反对意见随时都可能出现，但没关系，问题通常大同小异，处理方法都一样。你先回到步骤一，再按部就班逐一进行至步骤六，一直到你从他们那里得到一个“是”或“否”的结果为止。

通常他们都会说“是”，而并非“不”。这时，假如他们仍然不断提出反对意见，这有可能是质问，而不是想要答案。当他们坚决说“不”，就要尊重“不”的决定——无论你个人是如何地不赞同他们的决定，但这是很正常的，因为并非每个人都必须从事同一事业。

"我真的没有兴趣。"

"它就是不适合我。"

"我祝福你成功，但这并非是我想做的事。"

这些就是很坚定的"不"。那么你接下来就最好接受这些"不"，并谢谢他们，保持开放的心胸，然后，寻找另一个愿意接受的人。也许你遇见了许多说"不"的人，但是，没关系，你需要做的是找到说"是"的人。所以，这个过程中你遇见许多说不的人很正常。当有人给你说"不"，你就对自己说"下一个"。

关于这一点，强烈建议你去读一下《拥抱拒绝》，那可真是处理"说不"问题的经典。

虽然我们在此以讲计划为例，讲解了应对反对意见的六个步骤，但是，其实这六个步骤适用于任何情况，如安排会面或后续跟进时也可以应用这六个步骤。

处理反对意见的练习

教你的团队成员处理反对意见的一个好方法，是使用"反对意见练习表"。你可以根据具体情况，将经常出现的反对意见分门别类地加以整理，然后针对每种反对意见找出相应的回答方式，做成反对意见练习表。

你要反复练习这些问答，直到滚瓜烂熟，然后将这些问答教给你的团队成员。你也可以让你的成员列出最常面临的反对意见，甚至你也可以用脑力激荡的方式来搜集反对意见。然后针对每一个反对意见进行角色扮演的练习，让每个人或小组发现反对意见的根本问题所在，并应用六个步骤来处理，让每个人将他们回应反对意见的答案相互分享。

通常，你得到的这些反对意见90%至99%都是相同的，并且已经由许许多多的营销商反复回应过。或许你会遇到针对产品或商机的“特别的反对意见”，但多数都是相同的老问题。你可以多看看《谈话显信心》、《未来财富》、《如果他们说不，你就说下一个》，特别是那本《拥抱拒绝》，会对你有很大的帮助，这些优秀的图书可以从不同的角度帮助你，是你建立系统的工具书。

总之，你应该有信心回应所有形式的反对意见，这也是做这个生意的基本功。而且即使在任何行业，真正的老手，也是处理他所在行业反对意见的高手。处理反对意见的技巧是通用的，适用于任何行业。反对意见以及回答方式其实都是老生常谈，一点也不可怕，你只到需要熟悉一下就好。

我们要再次强调，应对反对意见，事前准备是成功的关键。这就是为什么你的培训中要包括“反对意见练习表”，要探讨如何回应其中的根本问题。记住这句西方的名言：“一克的预防（即事前准备）胜过一公斤事后的治疗。”

应对拒绝与挫折

网络营销是一个挫折感高的行业，正因为如此，也是可以快速学到实用的“财商知识”的行业，同样是提升你的社会能力的行业。被他人拒绝是这个行业常见的，这容易令人丧失斗志。但是，对许多新人来讲，他们失败的主要原因是因为遭到拒绝后，态度出现了问题。其实，遭到拒绝并不是这个行业的专利，每个行业，甚至无所事事的人也是如此。事实上，我们根本不需要对拒绝“做出如此大的反应”。

在你愿意做事前，要准备与拒绝做一次竞赛，在事前做好准备，准备能让你胜利。一切成功的关键在于事前准备。将反对意见转化成信息，你可以了解新人的更多的需求以及隐藏的问题。他人的拒绝让你反过来去思考问题，对人的帮助其实非常大，所以，网络营销网是造就大师级演讲家的摇篮。

为了应对拒绝，我再次给你们推荐两本好书《拥抱拒绝》和《如果他们说不，你就说下一个》。有一位钻石经销商告诉我，如果一个独立生意人，因为讲计划被拒绝 1000 场次，这个人至少都是钻石。而另一位仅仅被拒绝 10 个场次的人肯定还没有成功。所以，被拒绝并非坏事。你可以采用以下三种方法来提升团队应对反对意见的能力。

1. 举行培训。不论小型家庭聚会，或是大型教育会议，你都可以聚集大家的能量，讨论应对拒绝的方法、调整心态的方法，达到主动学习的效果。

2. 选出反对意见的前十名。要求每个人选出最常见的反对意见，或是前五名或是前十名的，让每位学员将它们记录在他们的“反对意见练习表”中。让每个小组讨论每个反对意见背后的隐藏的根本问题。

3. 回应问题。一旦这些主要的反对意见背后的根本问题被发现，就让团队成员来回应这些根本问题。为了让你的学员练习回应问题，你可以举行一些脑力激荡的会议，以团体的方式来进行，或者分三至五人为一小组，并让他们在小组内练习回应问题。最后，选定几人将大家认为很好的答案分享给所有人。

大型聚会的重要性

让我们去参加一场商机的示范，增强你的事业动力。商机示范观摩会的作用就好比一台变压器，能瞬间加压，能“升高”每位参加者的综合能力：你自己、你的潜在顾客、新营业代表。以下就是商机示范观摩会的内容。一般来讲，由你的上级营业代表组织这种商机示范观摩会。

商机示范观摩会是每周、每半个月或每月一次的盛大会议，所有与会人士“盛装”出席，而且他们事业发展得都很不错，同时他们将与每个人分享他们的成功经验。商机示范观摩会的参加人员包括所有在你地区中的公司营销商，人数越多越好。五十个人也可以，一百个人更好。参加商机示范观摩会就像参加上流社会的社交活动。

你已经在你的潜在顾客家中或咖啡店内讲过计划，他们已经开始使用你的产品或服务，同时我相信你通过适当的持续跟进也表现了你对他们的关心程度。此时，由于他们开始体验到产品的利益，他们可能对这个行业产生了一些好奇，因此，正是将他们有限的认知扩大至更广的视野的时刻，这也是商机示范观摩会的意义所在。

为什么要举行一场商机示范观摩会？因为它是有效的。它是一种特殊的运作方式，会产生很大的影响力。实质上这是一个展示成功者的俱乐部，或是一个消费商企业家俱乐部。我观察到有些公司采用商机示范观摩会，有些公司则不然。而采用商机示范观摩会的公司似乎都很成功。总之，这种大型聚会很重要。

商机示范观摩会的要点

热情与怀疑：刚开始享受产品或服务好处的人们与新营业代表有什么共通点？是原始的热情？不，是我们每个人在开始从事一件陌生的事情的“疑心病”，这是很自然的。一场商机示范观摩会刚好能够解答这些初期的疑问。

商机示范观摩会是为谁而举行：商机示范观摩会是为了每个人的潜在顾客、新营业代表而举行，即使有些潜在顾客是在商机示范观摩会中第一次接触到产品及商机也没有关系。虽然商机示范说明会的参加者都能有所收获，但它最重要的目的还是在提供给潜在顾客、新营业代表这个神奇的行业的信息，是他们被正式介绍给公司以及团队成员认识的一场聚会。

他们将遇见这个行业的新手，他们也会认识一些成功的营销商，并将了解公司的资源。他们将亲自体验既刺激又具影响力的一个专业的组织。感受到成功的营销商建立系统的可能性以及建立系统后的财务自由的感觉。

商机示范观摩会的作用：商机示范观摩会对你的潜在顾客是很完美的一场体验。商机示范观摩会能将你在讲计划中所提及的所有可能性“示范并告知”你的潜在顾客。公司是真实的，产品及服务是真实有效的。成功的男性与女性在观摩会中现身说法，成功是真实的。不论是潜在顾客或新营业代表都会相信这个事业商机是千真万确的，因为他们在商机示范观摩会中亲自见识到了这些成功者。

商机示范观摩会同时也证实另一件事实——他们知道他们并不是孤军奋战的。这一点恐怕是每个潜在顾客以及新营业代表心中最大的疑问。当他们在观摩会中看到四周都是一些成功者和加入的新同事时，他们不仅相信自己有可能在这个行业成功——同时他们也想要开始行动了。

好的商机示范观摩会的要素：一场商机示范观摩会很像一门艺术，每一环节都是属于你、你的产品、你的公司。商机示范观摩会聚集了真正团队的力量。商机示范观摩会对于团队中的每一个成员都是有利的，因此，它是一种合作形式——而不是竞争形式，因为大家都同属于一个大家庭。

消费商企业家俱乐部

网络营销的实质是一个消费商企业家俱乐部，这其中需要什么条件呢？

“第一流”的场地：首先，展示会的场地应在饭店或规划完善的“商务”中心，而不应在家中、车库或备用的客房等场所。当然，如果人数较少，也可以考虑在家中举行。关键是场地本身应该就能传达商机与成功的信息。记住，我们正在迈向第一流，因此，场地应在完善、知名的地方，且应该有停车场。假如是一家大饭店，在走廊安排专人接待来宾并且引导至展示会现场，不要只是依赖标牌或横幅。

签到处：布置签名桌、签到处，最好就在会议室的外面，签到处是“正式”迎接来宾的地方，签到处要安排最友善、热情的人，选择笑容可掬、个性和蔼的人员。

“人名牌”是必备品：很多人都无法熟记名字，因此利用人名牌来解除来宾这方面记忆的负担，让他们能够放轻松。我建议人名牌应以不同颜色的边框来区分，你的来宾们使用一种特定颜色的边框，而“经验丰富的专家”则用另一种颜色边框的人名牌。当你将参加者的名字写在人名牌上时，同时也向他们说明颜色识别的意义。

尽可能结识每一个人：与商机示范观摩会中的每位来宾交谈，了解他们来参加的原因，他们正在使用什么产品以及喜爱的程度，并让他们说出希望从这个行业中获得什么。让来宾感到受重视，同时这也是你学习商机、增加你的故事收藏的大好时机。

音乐：在商机示范观摩会中——即使是在教育培训的某些时候，播放音乐都有一定的效果。它可以创造一种现场气氛，真正为你的活动创造无比的能量。播放轻快活泼的音乐，不要用另类怪异的音乐。选择能打动人心且能引导人们进入会议室的音乐，能够提振精神、乐观、充满希望的音乐。

产品的陈列展示：在会议室的后方布置产品，陈列展示。选几位具有创意的营销商负责设计与布置，要强调的是视觉效果。有很多小巧而不贵的装饰物可以让你创造出视觉效果。

椅子——越少越好：尽量确认来参加的人员，请他们告诉你他们带来的来宾人数。准备比你预期人数少的椅子，另外在后方准备叠放整齐的椅子，并安排专人负责。当有人进入时再增加椅子。空椅子会让人感觉会议的出席率很低——无论实际上有多少人光临会场。不断地增加椅子会令人在心里想："人气不错！"

表演时间：商机示范观摩会应依照时间表准时开始与结束，如此不仅专业，同时也表示对你的成员在时间上的承诺，是对准时参加的来宾表达的尊重。45 分钟是商机示范观摩会的最适当时间长度，最长不要超过一小时。

第一位演说者：这个人很重要。你的人选应该是具备天生的活力与热情，那种人们一开始就会喜欢的人，但并不一定是团队中最伟大或是明日之星的营销商，甚至这个人选完全是一个新人更好。有些人一开始就炫耀他们的明星人物，这样只会吓跑人而不是鼓舞人心。第一位演说者先自我介绍并向每一个人致意。接着精彩地讲计划，让在座的每一个人都明白这个行业是未来的潮流。

公司、产品和商机：首先，演说者介绍公司的概况。描述公司整个轮廓、经营哲学、成功的地方，尽可能以故事来描述，尽量描绘一个具有影响力、成功的、管理完善的、成长的企业蓝图。接着是产品或服务。再次强调，不要费力在每项产品或技术的细节部分，而是概要说明重点。由演说者分享自己的故事以及所听过的一、两个不错的故事。可能的话，展示你的产品，描述它的优点，产品能为人们带来真实的感觉。

进入事业商机的主题，说明商机并以个人的故事来进一步说明。让演说者叙说当初是如何进入这个行业、到目前为止发生了哪些事，并将未来的期望分享给大家。

聚会的关键是新人加入

网络营销的聚会是对上咨询与沟通、对下检查和沟通、交流信息等方面的重要一环，但最关键的却是使新人加入。

五个问题：现在你的来宾已经建立了对公司、产品及商机的正面形象。同时，他们也会想到一些问题，这是一些很重要的问题，其中有五个问题是正确的，它们就是：

1. 这个行业容易经营吗？
2. 我对于这一行有兴趣吗？

3. 我能够从中赚钱吗?

4. 他们会帮助我吗?

5. 此时是我加入的最佳时机吗?

回答这些问题能促使你的潜在顾客加入这个行业，并能让每一位新营业代表都能开始行动。这是商机示范观摩会的主要目标。因此，你要感谢他们提出问题。假如你找到一位从事这个行业有5至10年时间的营销商，每月收入2万以上，请他站在讲台上对着大家说:“看看我吧……”这样的方法是不容易解决这些问题的。因为这个人与新人之间差距太大了。

为普通人吹起号角:此时，演说者应该这样说:“我已经告诉了你们关于公司、产品、事业商机。现在，我希望你们听听新进人员的故事——他们在几个星期或几个月前就像你们现在一样。我希望由他们来告诉你们，当他们在开创他们的事业时的情况。现在就请李先生上台来告诉你们他的故事。”

真实的故事及教育培训:要用真实的故事，捏造故事是无益的，没有比事情的真相更能鼓舞人心的，更何况在这个行业中充满着许多成功故事，不需要你杜撰、虚构。你应该培训这些即将上台分享故事的人如何正确地回答这五个问题，这是必须做的。

“我也可以做到”

你做一切都是希望来宾能对他们自己说：“假如别人都能做到，我相信我也可以做到。”假如能让这群分享经验的营销商同时说出这句话，那更好。此时要观察你的来宾：他们已经看到并听到了故事，现在他们知道这个行业是有趣的，他们也知道在网络中有人支持他们，他们明白这能够增加收入。

最后的问题，“此刻是我加入的最佳时机吗？”回答说：“这真的很棒，你们一定要加入，你们看，我都能做到——当然你们也能做到！”让他们了解任何时间都是适当的时机，只要他们真的有意加人。在45分钟的会议时间结束后，便立即结束，此时对来宾说：“以上是我们商机示范观摩会正式内容的部分，欢迎你与我们一起继续留下来讨论，现场有许多营销商可以回答您的所有问题。同时我们为所有打算在今晚就开始的人准备了资料和入门手册。”

此时，切记宣布下次商机示范观摩会的时间，宣布各种活动的时间——特别是下次新营业代表教育培训的时间，并鼓励人们参加这些活动，让他们了解这些活动是协助人们开始的好方法，假如他们无法参加，鼓励他们与他们的推荐人进行一对一的培训课程。

时间与日期：时间和日期实在很重要，这涉及人性的方方面面。商机示范观摩会最好是在星期二、三、四的晚上。最佳开始时间是7点30分准时开始。你可以在星期六早上举行新营业代表的教育培训，然后在星期四举行商机示范观摩会，也就是在他们受过教育培训后几天便举行商机示范观摩会。

假如你整个团体的人数不多，你可以在新营业代表教育培训之后立即接着举行商机示范观摩会，中途安排15分钟的休息，然后便紧接着开始。你进行教育培训的时间应该控制在两个小时以内，最长不超过两个半小时。时间长不一定效果好。

大型会议的“综效”爆发力

大型会议比小型、私人的聚会具有优势，那是因为具有综合效果，简称“综效”。“综效”是一个数学名词，意思是指“整体的力量大于个体的综合”。未来主义学家伯克明斯特·富勒（Buckminster Fuller）是“综效”的观念倡导者，是他把“综效”观念发扬光大。富勒博士甚至还创出公式来加以说明。一旦你明白了大型会议的威力，你便能掌握网络营销最有威力的工具。

首先计算出席会议的人数，然后以这个数字乘（也就是人数的平方）。

然后减去出席会议的人数。

将所得的数字除以2，你便得到所有出席人员间互动关系的总数。

举例来说：假如你举行一场家中聚会，有 5 个人出席，则计算如下：

5（出席人数）×5＝25－5（出席人数）＝20÷2＝10

这个数字便是所有出席人员间互动关系的总数。虽然只有 5 个人出席会议，但这 5 个人本身可以产生 10 种不同的互动关系。现在，让我们假如有 60 人出席会议，看看这些人在一起所创造的“综效”有多大：

60×60＝3600－60＝3540÷2＝1770

表示在这一场会议中创造了 1770 种互动关系。你要知道成功的商业人士，非常会进行这套“综效”的配方，对于非商业的成功人士，这也是一种成功的方法。你可以知道，经由这些互动关系所产生的“对产品的巨大热情”、“对公司的热情与投入”以及“对每个人的真心关怀和相互帮助”有多大的力量。当会议结束后，会产生多大的能量和威力！

“综效”是网络营销产生巨大威力的秘诀，这就是为什么只有 1000 人的团队能达到在正常情况下需要 50 万人才能做出的销售成果。你可以灵活运用“综效”的力量在你的网络营销事业的各个层面（特别是举办一场大型商机示范观摩表彰会）。你也可以将这个有用的商业概念用于其他商业及社会活动中。

第八步：复制

世界上创造财富最快的方式就是复制成功的模式。

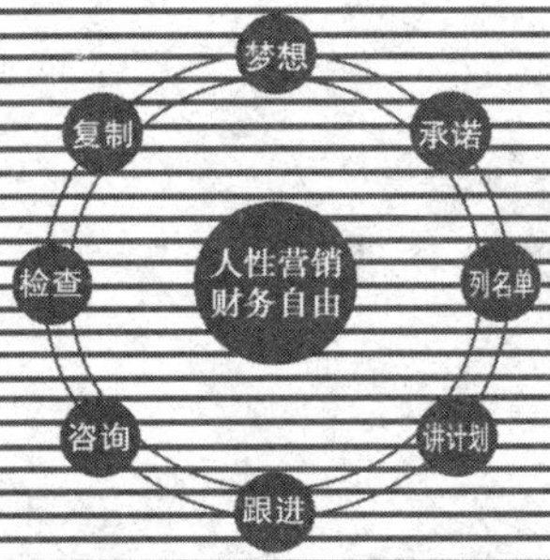

SUCCESS

世界首富的秘密

比尔·盖茨为什么富有？钢铁大王卡内基为什么富有？沃尔玛大叔为什么富有？世界首富为什么能够成为世界首富？这里有一个惊人的秘密，这个秘密之所以惊人就是因为它简单，简单到你几乎不敢相信。

我们都使用电脑，如果要在 WORD 文件上以最快的速度打字，最好的方式是什么？

就是不断地在键盘上按复制键，对吧。就这么简单，当我们发现了一种赚钱的模式后，就可以简单地复制这种模式，然后你就能做大做强。这就是为什么那些风险投资家绞尽脑汁地寻找切实可行的商业模式。

商业模式的秘密就是可以复制

因为他们比谁都清楚，找到了商业模式后，他们只需要把一个系统建立起来，让系统不断地复制就成功了。当然，这个系统也需要非常优秀的职业经理人来运作。

水生风信子如何占领池塘

这里，我想要告诉你一个关于复制的故事，一定会对你有所启发。

有一种水生植物叫水生风信子，它生长在热带地区的湖泊或水塘的表面。水生风信子是通过复制的方式来繁殖的，它每天都会进行自身复制：1 变 2，2 变 4，4 变 8……不断繁殖下去。

只要符合生长环境，一般来讲，30 天内，水生风信子便会布满整个湖面，非常有趣的是，在占满水面的前一天，比如是第 29 天（从水生风信子开始繁殖的第一天开始计算），有一半的湖面是没有风信子的影子的！没错，湖的一半是水，另一半则布满水生风信子。

但是，仅仅一天以后，水生风信子就布满了整个湖面或池塘。我们关键是要记住这整个过程是如何开始的——从一株比手掌还小的绿色植物开始的，谁能想到它们最终能够占领整个池塘或湖面。这就是倍增和复制的力量。

相信复制的力量

我们想获得财务自由，就应该相信复制的力量。

在开始阶段，我们很难看出我们的生意规模将会有多大。当 1+1=2 的时候，当 2 变成 4，接着，4 变成 8 时候，我们都会像水生的风信子一样对偌大的湖面失去信心，因为相对于剩下的水面，这一切是微不足道的。

这个时候，我们会觉得整个世界离我们很远，我们的理想太渺小，我们的事业毫不起眼。但是当你有足够的耐心，特别是不断做下去的时候，你就会发现一切都起了变化，而且变化是越来越快。你可以想象——当你的收入由1000变成2000，2000变成4000……5万变成10万，10万又变成20万的时候。你的信心就会暴涨。

就像一个作家写第一个字、第一本书的时候，没有任何人理睬他，没有出版商关注他。而当他写出像《哈利·波特》或者《达·芬奇密码》之后，他的收入就可以从零变成10亿英镑！复制倍增的速度是加速前进的。

任何巨大的经济成功都离不开复制——反复做一件非常成功的事情，简单地重复一个模式。无论是个人还是企业，凡是成功的，都是因为找到这种模式，或者模仿一个榜样。

我这样说是有很充分理由的，在商业领域如果要做大，都需要反复做一个成功而重复的“动作”。比如工厂大量生产汽车，出版商反复印制畅销书，电影明星大量接片……

任何事业一旦进入复制，就等于走上了快车道，能够创造出真实与长期的成功。

观念更需要复制

权威的字典上对复制的定义是：反复制造与原创物（有形或无形的）一模一样的产物或者是不断重复。在英文中，复制（Duplicate）源自拉丁文的duplicare，原意是“复制”。就是“完全一样”的意思。

复制不仅是有形层面的，也同样适用于思想观念层面。许多优秀的企业家为什么整天都在为员工做培训、开会，其本质就是要形成观念的复制，要统一思想，要让员工步调一致。一个国家、一个民族要复兴，同样需要一些观念上的一致。

如果你想把自己的生意做大，也要遵循复制的原则。首先是拥有正确的观念，并且把正确的观念传递给你的同事、下属和领导，这样形成观念的复制。试想如果你的观念不被大家认同，或者即使认同了你的观念，但观念不被大家复制。你的生意也是很难做大的。

有很多老板生意做不大，不是因为他们没有找到成功的模式，而是因为他们不能让这种模式得到复制。其中得不到复制的主要原因是他们的思想观念得不到复制。

观念复制是促进你的组织成长、扩大的基础。任何事业要做大，你需要做的首先是复制观念，然后才是复制模式。网络营销的复制首先需要的就是观念上面的复制，只有观念正确才能无往而不胜。要让自己的销售组织的成员反复学习相关的图书，听相关的磁带和CD，参加相关的聚会。向业内成功人士学习，特别要学习本系统和本组织内的成功人士。复制不仅需要观念更新，也需要一个系统。就是说——

复制需要一个系统

观念的复制有两种方式——积极与消极。我们要用一套积极的系统来复制你的观念，复制你的培训经验，创造一个真正不凡的营销网络。此刻，你要想象，你这里已经获得了一群热情地、接受过你教育培训的新营销商，他们正准备对他们的潜在“顾客”发动攻势，把你复制给他们的东西向那些“新营销商”复制！

尤其是复制你从你的上级那里复制来的正确的观念，真是令人兴奋的时刻，就是这样做！

复制倍增的概念

复制倍增的概念是一个理性而疯狂的概念，可以把一个很小的数据很快变大。说它理性是指这个概念本身是科学的，符合统计学和数学原理。说它疯狂，是指它会突然变大，达到你无法想象的地步。有一个故事可以说明这个倍增的道理。

有一个大臣将受到国王的奖励，国王问他要什么？大臣说我就要“两粒米”，每天倍增一倍，直到100天结束。国王一听觉得这个大臣太谦虚，就一口答应下来。

第一天2粒米，第二天4粒米，第三天8粒米，第四天16粒米，第五天32粒米，第六天64粒米，第七天128粒米，从第八天开始依次是256，512，1024，2048，4096，8192，16384，32768，65536，131072，262144，524288，1048576，2097152，4194304，8388608，16777216，

33554432，67108864……

也许大家已经可以计算出来了，到了100天需要多少粒米。反正国王发现把自己国家的所有财富换成米也不能兑现给大臣的承诺。

当然，这只是一个故事，但足以说明倍增的力量。如果1变成2，2变成4，4变成8，这种简单的倍增最后会出现爆炸性的结果。我们可以想象利用这个方式来积累财富是多么“可怕”的事情。倍增复制的概念，非常有趣，这是网络营销快速成长的原因。

网络营销其实本身就是一种“投资很小的大生意”，别以为小投资不能做大。利用倍增的原理做大不成问题，问题是在做大前，你必须忍受漫长而艰苦的过程，就像前面的10天一样，连一碗米都得不到。但你还是要努力付出，虽然金钱投入不多，但你要舍得投入时间、精力和智慧。另一个倍增的例子是：

当年，美国人从印第安人手中购买纽约曼哈顿岛的钱只有几百美元，但是，如果当时的美国人把这些钱用于投资，每年20%的回报率，到今天，这笔已经增值的钱同样可以买下今天的曼哈顿岛，要知道今天的曼哈顿岛价值几万亿美元。

正确的和错误的复制

所以，网络营销的基本观念之一是复制——反复做一件简单的但是已经被证明是成功的事情，这是有很充分的道理的。任何商业领域如果要做大，都需要反复做一个成功的“动作”。复制就好像汽车冲上了高速公路，虽然到目的地还很远，但目标已经变得真实，成功已经是早晚的事情。

既然复制这么好，为什么不是每个人都能复制呢？这里的关键原因是并非每个人都真正懂得复制的道理。有些人好像懂得，但不是真正懂得。

只有在你的团队中真正体验到这种复制的成长、得到实际的利益后，你才能体会到复制的甜蜜。只有你每月的报表和支票可以让你比任何其他人都更懂得复制的威力——唯有复制才是建立超级营销网络的秘密，而教育培训又是复制的关键。

知道了复制的威力后，我要提醒你，这个世界上有两种复制，威力同样巨大。一个是复制错误的事，另一个是复制正确的事。这就是复制的方向问题！方向一错，后果不堪设想。如果你招募了大量的新成员，但是不告诉和培训他们，让他们草率地相互培训，任由团队成员“自行复制”，这样的结果可想而知。

如果你坚持系统的正确复制，让上级认真指导，这样的复制就会创造奇迹。你作为训练者要把培训那些加入这个行业的新人视为自己的责任和义务，给予他们正确的指导和支援，最后让你的成员们复制你的经验，让这些被培训者最后成为培训者，又去培训新人。

网络营销的成功经营者都是创造了一个可复制的系统，让系统去帮助每个人作正确的复制。关键在于你要保证复制能够正确，不偏离最初的方向。相反，最可怕的方式是：找寻对象——与他们签约——忘记他们——让他们胡乱复制。

最积极的复制：成为团队的典范

在营销等商业行为中最积极的复制过程是让自己成为他人的典范。一个人要成功通常需要三个步骤：

1. 自己成为一个成功的人；
2. 建立一种成功的模式或榜样；
3. 让团队的成员复制你，最后通过复制建立一种可以复制的系统。

当然，每个人都是有个性的，都有自己的价值观、目标和天赋等。但是，我们要在营销等商业行为上成功，不仅需要个性，更需要个性前提下的团队特质。我们的成功系统里面一定需要强烈的复制热情、强大的复制力量。

当你成为一个成功的人，你就是别人愿意模仿的榜样，你值得别人复制。当大家都来复制成功的人，一种成功的系统就自然建立起来了。当你事业的系统成功后，其他团队又开始模仿你的团队。如果大家都可以模仿一个成功的系统，我们的事业也就开始起飞了。

从潜规则上讲，我们每个人都是因为模仿优秀的人才能取得成功的。人们可以借复制来创造他们自己的成功。我们建立好一套可以供人们模仿和复制的系统，就好像你把汽车钥匙插进车锁启动汽车一样。好比是我们在商业上已经预设好的环境，你只需进入并“转动钥匙”便能开始踏上成功的旅途。

事业要成功，我们都要找到一套可复制的模式。这种模式既能帮助别人也能帮助自己建立事业——就好比转动钥匙一般轻松。

让系统为你工作

你可以为了工作而工作，大多数的人都是如此。可能有些工作能让你同时兼顾自我实现又拿到薪水。但事实是，大部分的工作——就只是打工——并且让你终其一生就是为了工作而工作。工作对你而言不过是为了支付账单的一种机械劳动，而且通常这就是工作对你的全部意义。

你也可以让金钱来为你工作，这是最棒的赚钱方式，而且很有效果。假如你有500到800万元的银行存款或不动产的投资，你每个月至少可以收到5000至10000元的利息或投资收入。你就可以选择不为了金钱去工作了。然而很不幸的是大多数的人并没有这样的投资和金钱。现在，你该这么办呢？

你可以让他人为你工作，让“他人组成的系统”为你工作。这也是一种方式。你可以利用这个“久已存在”的成功原则——将“反复做的相同事情”教给他人，让他们替你做，然后让这些人再教其他的人做同样的事，如此不断继续下去。你需要做的，就是加入一个系统，然后利用这个系统把“自己的系统”做大，让别人在“你的系统”内工作。

让别人为你工作，不是说你就不工作。你也在劳动，只不过你不是直接为了钱在工作，而是为了建立一个属于自己的系统而工作。

试想，当你直接或间接教会了10000人进行这个生意，并且创造了巨大的销售业绩时，你从这个“消费系统”中得到一定的酬劳是不合理的吗？完全是合理的。其实，这是世界上大部分的富豪所使用的赚钱方式。拥有系统你才有资格赚取别人的价值，因为你拥有的系统首先给别人提供了“有工作”的价值。

而且，你赚取的价值并不是别人所有的价值，而是合理的一部分价值。不要怕，你并不是剥削者，当别人为你工作的时候，你也在为他们提供价值和支持，同时，他们使用的系统也是你辛苦建立的，你已经提前付出了。

美国的亿万富翁——钢铁伟人安德鲁·卡耐基说过：“我宁愿从一百个人的努力中赚取其百分之一，而不是从一个人的努力中赚取百分之百。”任何富人的赚钱方式都是建立系统，为别人提供系统，然后让别人在系统里工作，自己赚取这些人的“1%”。当然，如果你想在系统内赚取别人的100%，结果是要么系统崩溃，要么这些人走光。这是不可能的，你必须相信这个世界是一个公平的世界，虽然，这个世界看起来不够公平。

看了以上的赚钱方式，你可以作一个选择，看看哪一种赚钱的方式适合你。现在是学习如何复制你自己的经验并让他人为你工作的时候了——网络营销实际上是你花很少的钱和很多的精力去建立一个系统、然后让系统为你工作的事业。

像雏鹰一样翱翔

你一定很熟悉这句名言：“授人以鱼，不如授人以渔。”假如你给他一条鱼，你只能喂饱他一天，假如你教他如何钓鱼，你便能喂饱他一辈子。这便是我们努力的目标，我们要复制的不是别的，而是能力。

你与新营业代表之间的关系是：让他们很清楚你要教育他们成为独立自主的创业家，而非依赖者。以下我用自然界的一个有趣的例子来说明。

当雌性老鹰选中了它的终身伴侣时，它开始筑巢。它先用粗壮的树枝及泥土来作为巢的底部，就仿佛以钢筋水泥建地基一般。然后再用较轻、柔软的材料来架构其他部分，最后它完成了一个舒适、温暖而适合孵蛋的环境。几天后它产下了鹰蛋，孵出小鹰后，便开始喂食小鹰。通常只有一、二只小鹰。

然后，有趣的事发生了。母鹰开始慢慢地将鹰巢所使用的柔软材料除去，事实上它就是把树叶及羽毛丢弃在一旁——因此，鹰巢变得越来越不舒适。然后当它认为应该教育幼鹰学习飞翔的时候，它便开始赶幼鹰离开鹰巢。它先是以轻推的方式，渐渐地轻推变成了驱赶。假如在几次的驱赶后幼鹰到达鹰巢边缘却仍不了解要做什么时，母鹰就会叼起幼鹰将它抛出巢外。

当幼鹰急速地冲向地面时，一种与生俱来的本能被激发出来，于是幼鹰便开始飞了起来。假如本能没有被激发出来，母鹰便会猝然飞下，在幼鹰摔落在地面之前把它抓起来飞回巢中。然后在一段时间的休息恢复后，再一次将幼鹰抛出巢外。母鹰会一直反复地这样做，直到幼鹰能自行飞离鹰巢为止。

我们培养人的过程也是一样，如果你的新营销商最后不能离开“鹰巢”，你的教育培训就没有成功。复制的目的是能够让新人像雏鹰一样飞起来。

你是否进入了复制阶段？

你当然可以成为这个行业的一位明星营销商，但你最好成为一位明星的教练。作为明星的教练必须做到两件事：

第一是教育你的成员如何经营这个事业，第二则是培训他们如何去教育、培训他人经营这个事业。

判断你是否进入了复制阶段，是看你是否已经培训了你的经销商、协助他们建立他们的零售顾客以及教他们在事业上“快速成长”并建立自己的系统。这里有一个关键，就是你是否在你的团队中找到了像你一样的领导人，他们将担负起“承前启后”的重任，并不是每个加入这个生意的人都会成为领导人的。

如果你基本完成了这些，你的事业就进入了复制阶段，他们将开始像你培养他们一样去工作。同时你的成功变得可以期待。然后，你要做的是让你的复制更精确。因为，精确的复制可以产生三种效果：

1. 你的新营业代表已经开始创建属于他们的系统了。
2. 新营业代表体验到了团队的力量。
3. 教你的新营业代表如何复制自己的经验。

因为你并非只是告诉他们事实，而是以身作则地示范给他们看，他们也亲身体验了实际的运作过程。这样反复做，就是复制。任何生意都是如此。

复制家庭聚会

以下是经过实践证实了的一个不平凡的计划。首先，这项计划为期一个月。你可以选择在每星期的某一天晚上，譬如，星期二的晚上，在你的新营业代表家中进行。让你的新营业代表邀请6至8位的潜在顾客，在这聚会中你的新营业代表仅负责接待来宾以及介绍、推崇你。特别是推崇你。这有点像是一场迷你的商机示范会，在第一个星期由你负责会议的大部分任务。

现场准备产品的陈列、展示以及商机介绍。运用你的商业计划简报或手册来进行整场会议，这是一场非正式的聚会，因此不必重新布置新营业代表的家中陈设，可以在饭厅的餐桌或客厅的咖啡桌前进行会议。

你向来宾示范产品，并分享你亲自体验的利益。同时，你的新营业代表也将他亲身经历的故事告诉在座的来宾。当你在说明产品或服务的利益以及这个事业的商机时，切记，要解答以下五个关键问题。也就是：

1. 这个行业简单、容易吗？
2. 这个生意有趣吗？
3. 我能够从中赚到钱吗？
4. 他们会协助我进行这个生意吗？
5. 此时是我投入的最佳时刻吗？

在聚会结束时，记住告诉所有来宾下个星期你将再举行这种聚会，相同的时间，相同的地点，并且欢迎他们带亲戚或朋友来参加下次的聚会。聚会结束之后，让你的新营业代表电话跟进这些顾客，问他们是否对聚会提供的服务感到满意。当一个月结束之后，你和你的新营业代表都会发现，这个事业已经跟过去不同了。

接着，让你的新营业代表在下个星期邀请更多新的来宾。这次他除了接待与介绍你之外，也让他负责讲计划。告诉你的新营业代表将第一次聚会的内容制作成笔记并录制成录影带，以便他们可以复制你的作法。然后让他们选择他们认为最棒的一段内容，并让他们在第二次聚会时就负责这部分的计划讲解。例如他们可以负责说明公司、产品或服务等内容。

每个星期，你的新营业代表负责的简报的内容越来越多——而你的部分则越来越少。到了第四个星期，你的身份已经变成特别来宾，而你的营销商，甚至是他的新营业代表，则变成是简报的主讲人。这个过程就是“将雏鹰推出巢”的过程。让他们去飞吧！

复制教育培训：重点中的重点！

无论你承诺花多少时间在这个事业上，你都可以利用系统中的共同的资源来进行，用讲计划和家庭聚会的方式来经营你的事业。这个事业的复制系统的基本架构都是相同的，并且可以弹性运用。这是这个事业的好处。

假如你是兼职的创业者，你可以每星期举办一至两场聚会，每次与一位新营业代表共同进行。相同的方式可应用在快速跟进上，由更多的新营销商来进行更多的跟进。

举一个例子：WY 正在建立一个营销网，WY 愿意花更多的时间来加速这个营销网的形成。于是，WY在一星期内推荐了五位认真的创业者，并且替每位营销商安排了一个月的家庭聚会计划。从星期一至星期五，每周一个晚上与一位营销商进行一场家庭聚会，由WY来讲计划。

一个月过去，WY已经将自己的经验复制给这五位营销商，他们也以相同的方式来建立他们的营销网。接着，WY马上又推荐另五位创业者并以相同的方式培训他们——提供他们教育培训，排定会面的时间表，进行家庭聚会，讲计划。

WY以如此的方式努力进行了3个月——也就是90天。短短的90天后。WY在这个城市各个地区都已经有了好几个固定的聚会点，当讲计划正在进行时——WY并不需要在场。而在一周一次的商机示范观摩会中，WY的营销商都会向他介绍他们的新成员。然后WY开始对已建立营销网的营销商进行更高级的教育培训，加强他们讲计划的技巧，教育他们如何管理人数越来越多的庞大团队。WY终于有了时间，开始到处旅行并“开发”新的城市，此时WY真正意识到这个90天的最大优点。

WY经常可能会离开“总部城市”一个月左右的时间到其他的地区建立事业，WY不在的这段期间，他的事业持续成长。因为WY已经建立了一个坚强的团队，组织中的成员知道如何去培训以及教育他们新进的成员。

这就是整本书的关键

这就是复制的力量。这就是网络营销中的关键所在，在“系统复制”成功以前，WY处在S象限中，成功以后，他处在B象限中。罗伯特先生的《富爸爸现金流象限》所讲的B象限，这个象限的人，有系统为他工作，而他是拥有系统的人。所以，做这个生意不是一个小生意，而是可以做大的生意，你自己做老板，自己创办系统。然后赚取系统中每个人的1%。在此有两个重点：

(1) WY并没有停留在第一层的推荐。这使得WY的事业能够兼具广度与深度的成长，并且做到广度与深度的平衡，这是很重要的。这个道理与社会关系是相同的，你在社会上生存，也应该具有广度和深度的双重关系。(2)这是一套经事实证明有效的程序。经由这套程序你可以建立自己的系统以及取得财务自由。

无论你是兼职，或者像WY一样是全职，目标都是在复制自己的经验，当你成功（系统建立）以后，不论你是否参加你的营销商每天或每周的工作，你已经有系统替你赚钱了。一旦复制系统建立了，你一方面给予你的团队成员必要的支援，另一方面则继续自行推荐和培训新人，这些人会以相同的方式经营这个事业，然后便有更多更多的人持续建造这个系统了。这就是关键所在，是整本书的关键。它是你的网络营销事业的重点中的重点。

反复做那些可以成功的事情

假如你是成功的，而且自始至终都在培训你的成员，他们复制你的能力是可以肯定的。他们以相同的方式培训他们下属的能力——也是可以确定的。他们的成功——他们事业的持续成长也是不容置疑的。

这里的核心是自始至终做同一件事，反复做，直到成功为止。成功后复制给其他人继续做，你这样做别人也就这样做。道理很简单，所有的成功都遵循着一个定理——

反复做一种被证明可以成功的事情

一位职业赌徒很少会下无限制的赌注，他通常会根据现场的获胜几率来评估下多少的赌注，网络营销这个行业教给我们的是：

1. 它很清楚地告诉你与你的营销商成功的几率有多大。

2. 它处处为你设想以提高成功的几率，让你与你的营销商能够不断获胜。

假如你有一位营销商一直不愿花时间和金钱做这个事情，你可能必须重新评估他对这个事业的认真程度。你应该知道认真度与他的时间多少并没有必然的联系，但是肯定是有联系的。你的时间是宝贵的，应该花在懂得感谢你付出的人身上。

复制领导人

事业要成功一定要复制，事业要做大，一定要复制领导人。看看军队的例子，军人复制的历史太久远了，而指挥系统通常不超过 5 个人。你要复制多少事业领导人，这完全视你对这份事业的投入程度而定，投入的时间较多的——便可有较多的事业伙伴。当你完成了这 5 位伙伴的教育培训时，你可以再培训 5 个人，然后再另外 5 个人，如此持续下去。这样效率比较高。

不要以为你可以一次直接推荐上百个人并能够给予他们教育培训。即使是 10 个人，你的时间就不足了。因为这是培养人，而不是培养别的。你要充分认识到这个生意是在与“人性”打交道，而人性是世界上最复杂的东西。根据调查，在这个行业成功的营销商所推荐的人数都不多。这是千真万确的。美国有一位兼职的营销商每年收入超过 10 万美元，开着奔驰车，他在两年半的时间内推荐了 25 个人作为第一层的营销商。他说：“我只对推荐第一层的营销商有兴趣。”

另一位网络营销的百万富翁，从事这个行业有 15 年了，并拥有一支庞大的团队——他推荐的一级营销商不超过 100 人，也就是每年不超过 10 人。他非常了解他成功的基本道理。在这个生意中，你推荐的营销商需要达到一个基本数字，但重点是在他们和他们的团队中发现人才，加以重点培养。这些需要重点培养的人就是领导人。所以关键是——复制领导人。

在这个生意中，最看中的是“市场开拓奖”，其实是你能够组织多少人从事这项“消费商的事业”。要达到这个目的，你必须知道培养领导人的重要性，在你的团队中领导人越多，水平越高，网络发展越快，而且网络也越牢固。你可以想一想，别的事业难道不是这样吗？完全一样！网络营销或许看起来有点像数字游戏，它可以说是，也可以说不是。

它是一种人与人之间建立“高品质关系”的游戏

这是人与人之间、人与社会之间的一种人际深度和广度的游戏，是涉及利益的人际关系游戏。如果在这类游戏中，你是10位明星的教练，你的地位就已经是举足轻重的了。假如他们也能复制你的经验给另外10个人，你就会成为有100位明星的总教练了。人世间的任何事情都是通过“领导人培养领导人”的方式做大的，这当中自有深刻的道理。

学会使用工具和系统

成熟的网络营销组织都有自己的工具和教育培训系统，

这两者相辅相成，构成了网络营销公司的强大商业文化。我们知道人需要文化来滋养，如果一个公司是没有文化的，这个公司的生命就是有限的。一个国家也是如此。所以建立网络营销的文化非常重要，这是网络营销能够长期存在的基础。要建立文化，首先需要培养有文化的人，其次就要建立起相应的工具和系统，工具包括：

书、磁带、培训资料等等

系统包括：

聚会、演讲、领导人的影响力、整个团队对事业的认同等

有了系统和工具，这个事业就等于插上了翅膀。我们知道，有些领导人教育他的成员使用最基本的沟通工具来开发客源，如磁带可培训你的潜在顾客具备一些基本知识。在前面简短的行业介绍后，便可让潜在顾客了解公司、产品或服务。在让客户听磁带之后，当你与这位听过磁带的潜在顾客坐下来时，这位潜在顾客已先具备一些基本的专业知识了。

相关的书与磁带在你的团队中流行得好坏，是一个指标，表示你的工作是否成功，复制是否有效。只要所使用的工具是专业的并且能够代表事业商机的——我认为应该多多使用。使用工具和系统可以起到事半功倍的效果，你

为什么不用呢？

复制教育培训

现在，你已经学会了公认的原则以及如何建立简单的系统，你已经能够建立一个全国性的、甚至是世界性的团队了，现在唯一的限制是你自己，还有公司经销合约上那些不让你开展工作的地方。

你可以开发远距离的客源并且进行远距离的跟进。你可以通过影印必需的资料以及电话来培训你的成员。你也可以利用这本书，或者邮寄光盘；或是进行电话会议。

今天的许多超级业务员便是那些懂得大量运用这些原则以及高科技的人。公司的录影带以及磁带可以使你即使隔着相当的距离也可以非常有效率地工作。电话会议是很棒的做法。电脑聊天可以吸引——甚至是世界各地——人们的注意力。

是的，你可能无法参加远距离成员的商机示范会，直到他们能每周四都聚集上百个人，那么，你便能每个月飞去参加一次。然而你却可以运用这些原则、工具和技巧来培训在各地的新营业代表，并且你可以很简单、成功地完成任务。秘诀在于运用新的科技替代传统老旧的直销的作法。通过你的电话、语音信箱、数据机、传真机、录影机、CD 机、桌上排版设备、电子商务，特别是手机上网等“科技工具”，你可以将你在此所学的经验复制传授给他人。未来学家朱迪·奈兹比说：

“高科技——高联系率”。

高联系率，这是一个关键词，这就是网络营销的未来，也是你的未来。

结束语：

成为一个有影响力的人

成为领导人

作为专业培训师，你应该与大师为伍。真正的大师有智慧，有永恒的格言。老子说，他有三样最珍贵的东西，第一是慈，第二是俭，第三是谦虚（不敢为天下先）。

仁慈——然后你便能勇敢。俭朴——然后你便能慷慨。谦虚——避免凌驾于他人之上，你便能成为众人的领袖。我们应该学会并感恩这些智慧。我想要让你知道你是一位不平凡的人，原因是——你认真地将这本书读到现在。

我断定你已经是一位有影响力的教练。我感谢你花时间读这本书，说明你明白教育和知识的价值。你已经开始学习并提出了问题，说明你想要知道事实的真相。

一个人最好是因为真正了解了自己的行业而热爱它，可惜，许多人并非是如此。你已经知道这个生意与你的人生目的之间的关系，它是达到你内心愿望的最佳方式之一。你也了解它将如何使人们的生活发生改变，说明你已经愿意将“这份礼物”分享给他人，你已经知道如何做到自由与义务的平衡。看看你的信念系统吧，你是不凡的。你能培训新的营销商，让他们青出于蓝而胜于蓝。

你的团队中的成员都将胜过你，他们的成就会比你高，这将使你更为杰出。这是在网络营销获得成功的最伟大秘诀。

你能影响所有人

有一部美国电影，片名是《美好的人生》，故事是描述了一位仁慈的好人——乔治，他因一时大意而破产。朋友都抛弃了他，他被送进了监狱。命运迫使他在生死之间做抉择。他走到城郊冰雪覆盖的吊桥上，对自己说，现在死比活着更有价值。

就在他正要跳下吊桥时，听见一位掉入河中挣扎着的老人的求救声。乔治救起了这位老人。他们一起烤着湿淋淋的身体，老人告诉乔治，他是乔治的守护天使——克拉伦斯，会在乔治需要的时刻出现。乔治对他说的话不以为然，但克拉伦斯坚持说这是真的，他告诉乔治他能显示"超能"，让乔治知道生命的价值。

克拉伦斯使用魔法让乔治过上了另一种"截然不同"的、他从未体验过的生活，他变成了一个"坏人"。不仅是乔治，连他居住的整个城镇都变得更差、更坏！那个曾经偷走乔治的钱、导致乔治破产而且信用扫地的窃贼，这次变成一个残酷而富有的暴君。在他所统治的地区，过去街道上明亮的商店以及美丽的公园，现在则到处是酒馆和赌场。乔治遇见的所有人，曾经非常善良的那些人，现在都完全不一样了，每个人都显露出凶恶的面目。

后来乔治变好了，如果没有乔治的变化，这个城镇的人们都过着不一样的生活——所有的人都过着不快乐、没有希望和悲惨的生活。故事的最后，克拉伦斯完成了他的任务，因为乔治选择了活着。

乔治带着快乐的心情奔回家乡小镇，一路上，他拥抱着树，亲吻着街道，感叹着“多年来美好的债务”，没有这些债务，他不可能明白生活的真谛。他冲进家门，大声喊着妻子的名字，然后，乔治跪在她的脚下说着：“我真的好爱你！”整个城镇笼罩在一片欢乐的气氛中，都在为这家人高兴。

从前那些因为恐慌而挤兑存款的人们再度把钱拿回来堆在乔治银行的柜台上，大家开始歌颂往日美好的时光。甚至那个几个小时前还在盘问着乔治的银行查账员，也把手伸到口袋内，掏出十美元放进桌上的钱堆中，也加入歌唱的队伍。乔治看着桌面，在他的好友带来的钱的中央摆着一本《汤姆历险记》，乔治打开这本书并念出里面的题字：

亲爱的乔治：请记住，拥有朋友的人是不会失败的。

——克拉伦斯

可能你不知道，你已经对许多人的生活造成了深远的影响，就像乔治一样。想想过去，你应该替这些被你正面影响的人感谢自己，对那些受到自己负面影响的人说对不起。同时，想想未来——你将为周围的人提供什么！这个行业以及你的商机是一种特殊又有影响力的礼物，可以改变许多人的人生，特别是当你不仅仅是为了钱而工作的时候。你已经比从前更加了解“消费商”这股力量——人类持续繁荣的一种财富交割的新方法。我想要感谢你对于本书的投入——花时间和精力来阅读本书。能够为你们服务是一种荣幸，谢谢你，你已经成为我想认识的上万个朋友之一。

后记：

为自己的教育投资！

财富观影响人生幸福

我们无论找什么理由都很难否定一个基本的人生道理，即追求“财富自由”是我们一生中的基本需求，我们绝大多数人一生中的主要时间都在做这件事。我非常高兴能有这个机会与读者分享有关人生教育的关键——财商教育，因为它的意义远远超出了怎样挣钱或花钱的范畴。我要特别强调的是财商教育不是理财教育，财商教育包含了理财教育。更令人兴奋的是，我发现：

正确的网络营销的培训和实践是进行财商教育的一个很好的手段，每个希望完成财商教育的人都能通过网络营销的相关教育和实践学到真正实用的财商。

自从我参加《富爸爸》系列丛书的引进工作和倡导财富教育（或财商教育）以来，做了一些实际工作，大约开设了300次以上的财商讲座以及《解读财商》和《掌控现金流游戏》特别是《金钱财富人生》培训，并参加策划和引进了一些有关财富教育的图书和教材，如《态度决定一切》、《大思想的神奇》、《谁动了我的奶酪》、《未来财富》等。在这期间我深切地感受到我们对财富、金钱以及它们与人生的关系的理解实在是相当有限，常常用“非此即彼”或“难得糊涂”的方式去考虑这些问题。集中的表现是：我们认为金钱要么是罪恶的，要么就是值得崇拜的。许多人其实对这些与人生息息相关的概念的理解只是停留在语言和文字上，这直接反映了人们在财商方面的落后。

这种思维方式直接的结果是造成了个人生活和社会生活的混乱，缺乏对经济社会的适应能力，甚至使我们的人生观和世界观发生偏差。许多人认为“只要有钱就有一切！”“有了金钱就证明拥有了智慧”，同样，“没有钱就说明自己彻底失败”，作为一个财商教育的讲师，我觉得这样的观念是十分可笑的，也是十分有害的。

在对财务自由的理解上，人们也存在着非常大的思维偏差，总是把取得财富的多少与人格的低劣联系起来，把正确地赢得金钱与通过不正当的方式获取财富混为一谈，许多人搞不懂什么是合理赚钱，什么是非法牟利。对贪婪、罪恶以及许多经济术语缺乏理解。此类的错误观念不仅造成了人们经济上的困境，更可怕的是造成人们是非观念的模糊，分不清金钱和财富方面的是非，我认为这已经是一个社会问题。可以这样讲——

一个人如果没有正确的金钱观和财富观，就不可能有正确的世界观和人生观。

从财商教育中我更加体会到财务自由的重要性，这并不是我对这些概念看得比别人重，而是在倡导财商的过程中，我发现对这些问题的清晰认识远远不是怎么挣钱、怎么致富的问题，而是涉及人生是否幸福、精神是否愉快、身体是否健康之关键。

一个人通过正当方式取得财务自由是人生最快乐的一件事，是我们每个人都应该去争取的，是光荣的。当这种追求与自己的内心和谐一致的时候，创造金钱是一件非常幸福的事情。

如何让人们懂得财富、金钱、现金流、财务自由等名词的“真正含义”呢？如何让人们得到创造财富、实现财富奥秘的机会呢？我想只有系统的教育能够做到这点。非常遗憾的是，全世界现有的教育体系中没有这种教育，在家庭和民间虽然有这种教育，但与系统的教育相去甚远，是零散和非正规的。

我发现除了少数对商道非常精通的商业人士之外，许多人缺乏基本的财商素质。部分人经过接受教育渐渐对这些名词有所觉悟，但是还有数以千万计甚至数以亿计的人对这些概念几乎半知半解，不客气地说，许多人简直就是一无所知。

金钱观或财富观的确可以影响我们的人生，今天，我们的社会正在全面商业化、信息化、货币化、全球化。在这个时代，认清财富、金钱与人生的关系是获得人生幸福的关键，其意义远远超过了赚钱。

财商教育是实践

怎样让中国人补上财商观念教育这一课呢？没有捷径，只有教育一条路。但怎么教育呢？教育谁呢？谁来组织？谁来教育？谁来投资呢？这些问题的确让人深思，值得引起社会各界广泛的关注。

其实，从根本上讲，要提高财商绝对不是书本学习和讲授那么简单。除了基本知识的学习和基本技能的学习之外，一条必须走的路就是自己亲自去行动，去从事商业的全程活动，在整个过程中丰富自己的实践经验和财商理论，一切关于财商的真知只能来源于此，一切真知都是如此获得的。一句话，财商不是理论和知识，但包含了理论和知识，而它的本质是一种实践。

但问题是如何让如此众多的人去从事商业活动并接受财富教育呢？怎么让数以亿计的人学习财商和发现自身的财富呢？我们知道商场如战场，下海不是冲浪就是溺水，成败得失在所难免。可是真实的情况是你如果想赢得“够用”的现金流，想要达到财务自由的境界，你就必须体会这些“必要”的痛苦，必须经过炼狱的考验，必须踏过那条神秘而危险的“财富教育”的桥梁。财商是一门社会的学问，财商的高低不是学校能够教给你的。许多人是没有勇气过这座炼狱之桥的，所以世界上有90%的人不能获得财务自由。上帝给我们的定理是：

没有一个人能够不经历特定的痛苦而达到更高的人生境界。

幸运的是在我进行“另类”思考的旅途中遇见了一些对商业流通领域有很深造诣的专家，他们的支持令我兴奋，更让我具有了一种强烈的社会责任感。我们知道财商理念的基础是立足于社会的，只有在社会之中，人生才是有意义的。

我发现目前许多开展财商教育的人最为可贵的是他不仅有商业上的大智慧，而且具有极强的行动力，更为重要的是他具有为大众谋福利的情怀。这与我进行彻底的财商教育的理念非常吻合。我一直希望将财商教育嫁接到最大众化的商业活动中去，这样就避免了空谈的毛病。

《成功八步》是本好教材

我一直在寻找这方面的机遇，我发现无论国内还是国外，《成功八步》中详细介绍的网络营销的商业技巧非常实用，实践成功八步应该是一个非常好的推广财商教育的方法。另外，在这个领域或行业中，每个希望参加财商教育的人都可以用很少的资金和相对最小的风险投身其中学习真正的财商，从而改变自己的财务人生。在这里，人们自己组织自己，自己投资自己，自己约束自己。这里的确有可能建立一所属于社会教育体系的财商教育的商业学校。许多国际级的畅销书如《未来财富》、《问得好》、《问题就是答案》、《大思想的神奇》、《富爸爸》、《拥抱拒绝》系列丛书等都是因为这所"社会大学"的推荐才成为世界级的超级畅销书的。网络营销领域也出现了很多演讲家和实业家。

从网络营销的培训和实践中，我看到了一个为社会服务的机会。一个人如果真诚地为社会服务，并得到社会的认同，就获得了真正的财富。所以，一个人可以没有金钱但绝对不能没有财富，如果没有财富，一味去追求金钱，那不过是水中捞月而已。

一个人想要改变自己，最关键最简洁的方式是通过他的环境中现有的最好的教育来更新观念，然后依据"境随心转"的原理，这个人的物质现实也会发生变化。通过实践改变观念是最有力的方式。财富的创造和实现也是如此，需要系统的知识和有力的实践。一个民族想要改变自己的财富现状也是如此。

像财富教育这样的"社会系统教育"对目前中国社会突破进步的瓶颈非常关键。但这些伟大的教育工程需要大量的人力和物力的投入，要解决这个问题，依中国目前的情况看，靠政府和靠企业赞助都是不现实的。唯一的出路是让每个人为自己投资，心甘情愿地、甚至"勒紧裤腰带"地为自己的教育投资才是真正的出路。

我提到的所谓社会系统教育就是由民间组织的有规模有系统的为个人和社会造福的教育体系，这种教育正是目前学校所缺乏和不足的，也是政府愿意做但暂时无力操作的教育，但却是社会和个人人生所需要的。我们极力提倡的全社会的财商教育，是这种社会系统教育的一种。目前正在流行的健康教育也是我们的社会很需要的一种教育。可惜目前这些教育都没有形成有效的民间运行的体系，但我深信通过国人的努力，我们一定能够建立起一个完善的社会教育体系。这样中国就能在商业教育领域迅速缩小与发达国家的差距。

到那时，我们在任何时候、任何地点，只要自己愿意为自己投资就能获得自己需要的社会系统教育。我提倡这种“自己为自己投资”的社会系统教育。我从事财富（财商）社会系统教育已经有十年了。我为自己而骄傲，为许多与我一起从事这项伟大事业的朋友而骄傲。

《成功八步》是一本在网络营销的系统中开展自我财商教育的非常好的素材。书中不仅谈论了信息时代网络营销的相关问题，而且“直击”了目前困扰中国网络销售体系中的若干观念问题，是帮助一个人从没有商业头脑但准备通过商海学习真正的财商逐渐步入财务自由的行动指南。

网络直销在许多不了解的人看来是一种“非法传销”的代名词，那是一种极端的误会，误会有三点：一是人们对创造财富的过程不清楚；二是人们对实现财富的真相不了解；三是人们对财富、金钱以及与人生的关系存在非常错误的观念。基于这三点错误的认识，加之我们的社会自古以来的官本位对商业的歧视，人们的内心深处一直对“拥有财富”处于恐惧的状态。我这么说绝对不是危言耸听，人们缺乏财富和智慧的关键不是命运不济而往往是因为内心的观念或价值观与拥有财富和智慧的希望有冲突。所以，财富的社会系统教育非常关键，这是打开中国人财富黑匣子的首要方法。

走向财务自由需要两种人类活动并需要不断积累相关的知识和经验才能实现。第一是财富观念的改变；第二是创造财富的实践。两者是相互作用、相互促进的，是缺一不可的。目前对中国人而言，创造财富的实践显得非常关键，因为财商和任何智慧一样不是在书本和听演讲中学习到的。网络营销以及伴随的教育培训建立了一个让每个参加者从事创造财富实践和接受财商教育的人性化的平台，连财商之父、《富爸爸》系列丛书的作者罗伯特·清崎都认为网络营销是学习商业的一个好地方，他对网络营销的财商教育作用非常推崇，请你也相信这点。如今是商业社会，在这个社会中不学习财商是不行的，甚至是不幸的，即使你是一个非商业人士，也应该学习财商。

消费商时代的到来

人类社会的财富创造经历过两个高潮，第一个是原始的物物交换，这个阶段人们将多余的生活品（其实就是生存的必需品）相互交换，使彼此的生存能力都得到了极大的提高。在交换的过程中，人类的财富得到了创造和丰富。为了使交换行为更加方便，人们发明了金钱作为交换的媒质。在这个阶段之前，人类连基本的"生存品"都不足，是谈不到交换的。

第二个高潮是工业革命以来，人类的生产力得到了极大的提高，财富交换的频率和规模也得到了极大的提高，人类的财富极大地丰富了。人们不再是为了生存而交换物质和精神产品，人类开始寻找第二个档次的生活。

这时创造财富的人虽然是交换的双方，但分配财富的却只是“生产和销售”一方，而另一方——消费者却仅仅成为“花钱的人”。这种情况与人类历史进程中长期的物质短缺有关。

第三个即将到来的高潮就是消费商时代。随着物质短缺时代的结束，生产和销售的一方渐渐失去了优势，消费者越来越成为市场的主导，他们作为创造财富一方的地位和“名誉”将得到恢复，因为消费的本质是对财富价值的认同（创造和认同价值是财富产生的两条腿）。于是，“消费者也是创造财富的人”的概念开始变得重要起来，通过自己消费和组织系统去消费来创造财富的人就叫做消费商。网络营销正是让你成为“消费型企业家”——“消费商”的事业，遗憾的是这个观念并非是很多人都知道。

草草写完这些文字，主要是想用本书表达自己对财商教育的热情、对网络营销作为财商教育平台的兴奋，并呼吁社会有志之士共同行动，共创美好的明天。

朱　鹰

2010 年 5 月

附录

附录一　产品效果练习表

“为什么人们要购买或使用网络营销中的产品？”使用下列的练习表来协助自己发现你的产品的特性与好处。人们想要听到的是利益。

产品或产品线：________________________________

____

人们能够获得什么利益？（是哪些利益？）

____

____

____

____

谁最可能使用它？（这些人的类型与职业）

____

____

____

____

____

常被提出的问题：

问题编号＿＿＿＿＿＿＿＿＿＿＿＿＿＿＿＿＿＿＿＿

解答＿＿＿＿＿＿＿＿＿＿＿＿＿＿＿＿＿＿＿＿

问题编号＿＿＿＿＿＿＿＿＿＿＿＿＿＿＿＿＿＿＿＿

解答＿＿＿＿＿＿＿＿＿＿＿＿＿＿＿＿＿＿＿＿

问题编号＿＿＿＿＿＿＿＿＿＿＿＿＿＿＿＿＿＿＿＿

解答＿＿＿＿＿＿＿＿＿＿＿＿＿＿＿＿＿＿＿＿

问题编号＿＿＿＿＿＿＿＿＿＿＿＿＿＿＿＿＿＿＿＿

解答＿＿＿＿＿＿＿＿＿＿＿＿＿＿＿＿＿＿＿＿

附录二　列名单练习表

优先顺序（A—B—C）

	注解：
姓名	
地址	
日（ ）	
夜（ ）	
	注解：
姓名	
地址	
日（ ）	
夜（ ）	
	注解：
姓名	
地址	
日（ ）	
夜（ ）	

附录三　反对意见练习表

反对意见______________________________

隐含的问题______________________________

____

回应______________________________

____

确认______________________________

反对意见______________________________

隐含的问题______________________________

____

回应______________________________

____

确认______________________________

反对意见______________________________

隐含的问题______________________________

____

回应______________________________

____

确认______________________________